Das Veranschlagen von Hochbauten

nach der Dienstanweisung
für die Lokalbaubeamten der Staats-Hochbauverwaltung

einschließlich der neuesten Vorschriften für das Garnisonbauwesen

sowie die

Normen für die Fabrikation und Lieferung von Baumaterialien und die Baupreise.

Unter gleichzeitiger Berücksichtigung der Privatbaupraxis für

Baubeamte, Architekten, Maurer- und Zimmermeister

sowie als Lehrbuch für die Hoch- und Tiefbauabteilung
der Baugewerkschulen.

Von

G. Benkwitz
Baumeister.

Mit einer lithographierten Tafel, einem Anschlagsbeispiel und Erläuterungen.

Achte erweiterte Auflage.

Springer-Verlag Berlin Heidelberg GmbH
1910.

ISBN 978-3-642-93737-8 ISBN 978-3-642-94137-5 (eBook)
DOI 10.1007/978-3-642-94137-5

Vorwort zur achten Auflage.

Das Veranschlagen von Hochbauten nach der Dienstanweisung für die Lokalbaubeamten der Staats-Hochbauverwaltung hat auch in der Privatbaupraxis im Laufe der Jahre die weiteste Verbreitung gefunden, wenngleich die ältere Anschlagsweise noch vielfach gewählt wird und auch für Staatsbauten, deren Kosten 10000 Mark nicht überschreiten, gewählt werden kann. Die Einführung der Vorberechnung für einzelne Arbeiten schafft jedem Techniker einen klaren, sicheren Überblick. Ohne an Zuverlässigkeit einzubüßen, erspart diese Anschlagsweise Zeit und Arbeitskraft. — Die ältere Art der Berechnung der Massen, auf welche durch das Beispiel auf Formular D im Anschluß an die Garnison-Bauordnung hingewiesen worden ist, verdient überall da den Vorzug, wo verschiedenartige Höhen auftreten oder wo wesentlich verschiedenartige Baustoffe für eine Arbeitsart verwendet werden sollen.

An den Königlichen Baugewerkschulen wird bei der Abschlußprüfung die Kenntnis des Veranschlagens nach der Dienstanweisung gefordert, auch schreibt der Normallehrplan für diese Anstalten vor, daß die in Rede stehende Anschlagsweise in den oberen Klassen zu üben ist.

Da sieben Auflagen dieses Buches in verhältnismäßig kurzer Zeit vergriffen wurden, sind Verfasser und Verleger in den Stand gesetzt, dem bautechnischen Publikum eine achte Auflage zu bieten. Sie enthält alles Wissenswerte und Notwendige für den Baubeamten, den Architekten, den Studierenden des Baufaches und den werktätig schaffenden Meister und gibt auch über solche Fragen

Auskunft, bei welchen es sich um das Veranschlagen umfangreicher Hochbauten handelt.

Wo es erforderlich erschien, oder wo nahezu allgemein in der Privatpraxis von den Anweisungen für die Lokalbaubeamten der Staats-Hochbauverwaltung abgewichen wird, sind hierauf bezügliche Erläuterungen eingefügt worden.

Das Buch hat in den Kreisen der Fachgenossen eine weite Verbreitung erfahren, und da ferner nahezu alle Fachschulen dasselbe als Lehrbuch eingeführt haben, läßt sich hoffen, daß die neue Auflage eine gleich freundliche Aufnahme finden wird.

G. Benkwitz.

Inhaltsverzeichnis.

Seite

Anweisung für die Behandlung der ausführlichen Entwürfe und Kostenanschläge.

Formulare für das Veranschlagen.

Anweisung
für die Behandlung der ausführlichen Entwürfe und Kostenanschläge zu Hochbauten.

(Nach der Anweisung vom 1. Dezember 1898.)

Allgemeines.

§ 1.

Diese Anweisung gilt für Neubauten in vollem Umfange, für Um-, Erweiterungs- und Reparaturbauten dagegen nur, soweit die Verhältnisse dies zulassen.

Bevor ausführliche Entwürfe und Kostenanschläge angefertigt werden, sind, sofern der Bau nicht auf Grund vorgeschriebener Normalien zur Ausführung gelangen soll, für Bauten, deren Kosten mehr als 5000 Mark betragen, zunächst nur Vorentwürfe und Kostenüberschläge auszuarbeiten.

Hierzu ist nach Kap. 24 der Dienstanweisung für die Lokalbaubeamten der Staats-Hochbauverwaltung zu bemerken: Vorbehaltlich der Bestimmungen des Allgemeinen Landrechts (§§ 88—91 I. II. Tit. 10) ist jeder bei der Aufstellung des Entwurfs und des Kostenanschlags beteiligte Beamte für diejenigen Teile verantwortlich, welche von ihm herrühren. Entspringt der Entwurf gemeinschaftlicher Arbeit, so hat jeder Beteiligte für den ganzen Entwurf einzutreten.

Gehören zu einer Bauanlage verschiedene Baulichkeiten, so müssen:

a) für das Hauptgebäude,
b) für die Nebengebäude,
c) für Nebenanlagen (äußere Gas- und Wasserleitung, Anlagen für elektrische Beleuchtung, Umwehrungen, Pflasterungen und sonstige Befestigung der Höfe, Gartenanlagen, Brunnen usw.)

gesonderte Anschläge und Einzelentwürfe aufgestellt werden. Ebenso sind die Kosten für Geräte, Möbel usw. gesondert zu veranschlagen.

Bei Ausarbeitung der ausführlichen Entwürfe und Kostenanschläge sind neben den nachstehenden Vorschriften die „Bestimmungen über die Bauart der von der Staatsbauverwaltung auszuführenden Gebäude unter besonderer Berücksichtigung der Verkehrssicherheit“ vom 1. November 1892 zu beachten.

§ 2.

Die ausführlichen Ausarbeitungen zu Hochbauten bestehen:

A. aus den Bauzeichnungen nebst den etwa erforderlichen Einzelzeichnungen sowie den Lage- und Höhenplänen;

B. aus dem Erläuterungsbericht;

C. aus dem Anschlage mit den Berechnungen der Massen, Materialien und Kosten.

Jedes Stück ist sowohl von dem Verfasser als auch von dem Revisor unter Angabe des Ortes, Datums und Amtscharakters zu vollziehen.

A. Zeichnungen.

§ 3.

1. Lage- und Höhenpläne.

Die Lage- und Höhenpläne sollen die Gestalt und die nächste Umgebung der Baustelle sowie deren Oberfläche veranschaulichen; die Längen müssen darin in der Regel nach dem M. 1 : 500, die Höhen in zehnfachem Maßstabe der Längen aufgetragen werden. Die verschiedene Höhenlage der einzelnen Teile des Bauplatzes ist nur bei sehr unregelmäßiger Gestaltung der Oberfläche in besonderen Plänen darzustellen; im allgemeinen genügt ein Höhennetz oder die Eintragung der wichtigsten Höhenzahlen in den Lageplan. In den etwa beizufügenden Höhenplänen ist der bekannte niedrigste und höchste Stand des Grundwassers sowie der benachbarter Gewässer zu vermerken. — Die Lagepläne sind stets mit einer Nordlinie zu versehen.

2. Entwurfszeichnungen.

Die Entwurfszeichnungen sind bei Bauten von großem Umfange sowie bei Bauanlagen mit einer größeren Zahl von Einzelgebäuden in der Regel im Maßstabe von 1 : 150, bei Bauten mittleren und kleineren Umfanges jedoch im Maßstabe von 1 : 100 aufzutragen. Sie sollen das Bauwerk durch die Grundrisse aller Geschosse und der Fundamente, durch Ansichten, Durchschnitte, Balken- und Sparrenlagen vollständig zur Anschauung bringen. Soweit die Deutlichkeit nicht darunter leidet, können Balken- und Sparrenlagen in die Grundrisse der Geschosse mit blassen Farben eingetragen werden.

Das unterste, teilweise unter der Erdoberfläche liegende Geschoß ist mit „Kellergeschoß“ zu bezeichnen, während die darauf folgenden Geschosse mit „Erdgeschoß“, „erstes, zweites, drittes usw. Geschoß“ und „Dachgeschoß“ zu bezeichnen sind.

In den Zeichnungen sind die der Bauausführung zugrunde zu legenden Maße in Metern mit 2 Stellen hinter dem Komma, z. B. 5,24, die Mauerstärken jedoch in Zentimetern, z. B. 25 oder 38 usw. anzugeben.

Mit bezug auf das Einschreiben der Maße möge folgendes eingefügt werden:

Im Fugenbau ist ein tadelloser Verband nur dann erreichbar, wenn die Längen der einzelnen Mauerkörper wie auch die Öffnungen und Nischen durch halbe Steine teilbar sind. Die nachfolgende Kopfmaßtabelle wird die Ermittlung der Maße wesentlich erleichtern Sie bezieht sich auf halbe Steine (Köpfe). Für Wandstärken, Pfeiler und Pfeilervorlagen von Außenecke zu Außenecke ist 1 cm in Abzug zu bringen (z. B. eine Wand, 3 halbe Steine stark, = 38 cm; 1 Pfeiler, 8 Köpfe breit, = 1,03 m). Für Öffnungen (Fenster, Türen usw.) sowie für Wandnischen und Weiten zwischen Wänden, Pfeilern und Wandvorlagen ist 1 cm hinzuzufügen (z. B. ein Fenster, 9 Köpfe breit, = 1,18 m; eine Nische, 20 Köpfe lang, = 2,61 m; ein Zimmer, 41 Köpfe lang, = 5,34 m). — In allen anderen Fällen sind die Zahlen der Tabelle zu entnehmen (z. B. ein anschließendes Mauerstück einer Scheidewand, 14 Köpfe lang, = 1,82 m).

	0	1	2	3	4	5	6	7	8	9
	—	0,13	0,26	0,39	0,52	0,65	0,78	0,91	1,04	1,17
10	1,30	1,43	1,56	1,69	1,82	1,95	2,08	2,21	2,34	2,47
20	2,60	2,73	2,86	2,99	3,12	3,25	3,38	3,51	3,64	3,77
30	3,90	4,03	4,16	4,29	4,42	4,55	4,68	4,81	4,94	5,07
40	5,20	5,33	5,46	5,59	5,72	5,85	5,98	6,11	6,24	6,37
50	6,50	6,63	6,76	6,89	7,02	7,15	7,28	7,41	7,54	7,67
60	7,80	7,93	8,06	8,19	8,32	8,45	8,58	8,71	8,84	8,97
70	9,10	9,23	9,36	9,49	9,62	9,75	9,88	10,01	10,14	10,27
80	10,40	10,53	10,66	10,79	10,92	11,05	11,18	11,31	11,44	11,57
90	11,70	11,83	11,96	12,09	12,22	12,35	12,48	12,61	12,74	12,87
100	13,00	13,13	13,26	13,39	13,52	13,65	13,78	13,91	14 04	14,17

Es sei an dieser Stelle darauf hingewiesen, daß bei Aufstellung der Massen die Abmessungen und die Anzahl zu unterscheiden sind. Beispiel: Das Maß von 4 m kommt 5 mal vor. Es ist zu schreiben: 4,00 . 5, nicht etwa 4 . 5, weil es nicht ersichtlich sein würde, daß 4 das Maß, 5 aber die Anzahl angibt.

Die Stärken der Bauhölzer sind in Zentimetern, und zwar in Form eines Bruches auszudrücken, z. B. $^{16}/_{20}$, wobei die größere Holzstärke stets unterhalb des Bruchstriches stehen soll.

Die durchschnittenen Teile sind mit hellen, das Material kennzeichnenden Farben unter Vermeidung von dunkelblauen und karminroten Tönen anzulegen*).

Die Grundrisse müssen die Zweckbestimmung jedes einzelnen Raumes sowie dessen Flächeninhalt und Umfang enthalten. Bei Feststellung des Flächeninhaltes und des Umfanges werden die in demselben Geschosse durch Gurtbogen verbundenen Vorlagen und überwölbte Nischen wie volle Mauerteile behandelt.

Jeder Raum soll zur schnellen Auffindung eine mit Zinnober einzuschreibende Nummer erhalten, wobei mit dem Grundriß des untersten Fundamentabsatzes anzufangen und bis zum Dachgeschoß fortzuschreiten ist. Die Nummern müssen in jedem Geschoß von links nach rechts und von oben nach unten fortlaufen.

In allen Grundrissen sind die Linien, nach welchen die Durchschnitte dargestellt sind, anzugeben und an ihren Endpunkten mit Buchstaben zu bezeichnen.

Es sei hier hinzugefügt, daß es gebräuchlich ist, einer Schnittlinie, falls sie ihre Richtung verändert, bei jedem Knick einen Buchstaben zu geben. Schnittlinien werden allgemein mit Zinnober ausgezogen. An ihren Enden erhalten sie mit schwarzen Linien dargestellte Kreuze unter 45°. Über denselben stehen die gleichfalls mit Zinnober einzuschreibenden Buchstaben.

Für die zur Verdeutlichung wichtiger Konstruktions- oder Architekturteile erforderlichen Zeichnungen ist ein größerer Maßstab (1 : 50, 1 : 20 oder 1 : 10) zu wählen.

Die Größe der Zeichnungen soll in der Regel eine Länge von 65 cm und eine Breite von 50 cm nicht überschreiten. Für die Zeichnungen ist dauerhaftes, Radierungen gestattendes Papier von der Beschaffenheit des sogenannten „Whatman" zu verwenden.

Die Verpackung und Zusendung der Zeichnungen soll in Mappen erfolgen. — Ein Aufrollen der Zeichnungen ist nicht gestattet.

B. Erläuterungsbericht.

§ 4.

Der Erläuterungsbericht hat unter Hinweis auf das Bauprogramm, die Zeichnungen und den Kostenanschlag alle den Bau betreffenden Verhältnisse eingehend zu behandeln. Er ist auf gebrochenem Bogen zu schreiben und muß folgende Mitteilungen enthalten:

---

*) Nähere Angaben auf farbigen Tafeln enthält das Buch: Die Darstellung der Bauzeichnung von Benkwitz. Verlag: Julius Springer, Berlin.

1. Dienstliche Veranlassung zur Aufstellung des Entwurfes.

Angabe der Verfügung, durch welche der Auftrag zu den Ausarbeitungen erteilt ist, sowie der sonstigen in Betracht kommenden Vorgänge.

2. Bauprogramm.

Angabe der Gründe, welche die Ausführung nötig machen, sowie des Bedarfes an Räumen und der sonst verlangten Einrichtungen.

3. Beschaffenheit der Baustelle und des Baugrundes.

Beschreibung des Bauplatzes; Gründe für dessen Wahl und für die Stellung der Gebäude. Mitteilungen über die Zugänglichkeit des Grundstückes und die etwa in Frage kommenden privatrechtlichen Beziehungen zu den Nachbargrundstücken; über etwaige Fluchtlinienbeschränkungen und voraussichtliche Veränderungen an vorbeiführenden öffentlichen Straßen; Beschreibung der etwa erforderlichen Umgestaltung der Erdoberfläche sowie der für die Be- und Entwässerung nötigen Anlagen.

Angaben über die Beschaffenheit des Baugrundes und seine Tragfähigkeit; Beschreibung der Vorkehrungen, welche zu seiner Befestigung erforderlich sind; Angaben über die Höhe des Grundwasserstandes und über die Möglichkeit, gutes Trink- und Gebrauchswasser zu beschaffen.

4. Bauentwurf.

Begründung der Grundrißanordnung und der Raumverteilung; Angabe der Geschoßhöhen zwischen den Oberkanten der Fußböden sowie der Höhenlage des untersten Fußbodens zur Erdoberfläche und zum höchsten Grundwasserstand.

5. Bauart.

Bezeichnung der wichtigsten Baumaterialien unter Begründung der getroffenen Wahl mit Rücksicht auf Festigkeit, Wetterbeständigkeit, Preisangemessenheit und Anfuhrverhältnisse.

Beschreibung der Konstruktionen unter Hinweis auf die Zeichnungen und die bezüglichen Positionen des Kostenanschlages in nachstehender Reihenfolge:

a) Architektur;
b) Mauerwerk, Mauerstärken;
c) Schutz gegen Erdfeuchtigkeit und Schwammbildung, Vorsichtsmaßregeln gegen klimatische Einwirkungen;
d) Decken;
e) Fußböden;

f) Treppen;
g) Dächer;
h) Fenster und Türen;
i) Innerer Ausbau;
k) Heizung und Lüftung.

6. Zeit der Herstellung.

Angabe des Zeitraumes, welcher für die Vollendung der einzelnen Bauteile sowie des ganzen Baues in Aussicht genommen ist, ferner des voraussichtlichen Zeitpunktes der Bauabnahme und der Fertigstellung der Abrechnung.

7. Bauleitung.

Mitteilung der Umstände, welche die Verwendung technischer Hilfskräfte für die spezielle Bauleitung notwendig machen, und Angabe der voraussichtlichen Dauer ihrer Verwendung.

8. Baukosten.

Angabe der Kosten des Bauwerks. Ermittelung des Betrages für die Einheit der zu bebauenden Fläche nach Quadratmetern, wobei die Fläche des Erdgeschosses einzustellen und als Höhe das Maß von der Oberkante des Fundamentes bis Oberkante Hauptgesims, sofern nicht besondere Verhältnisse eine andere Annahme erforderlich machen, einzusetzen ist.

Hier sei aus dem § 120 der Dienstanweisung folgendes eingefügt:

Bei der Preisberechnung sind ungleichartig ausgebildete Bauteile nicht zusammenzufassen. So ist beispielsweise bei Kirchen der Rauminhalt des Turmes mit einem anderen Preise zu berechnen als der des Kirchenschiffes und der Sakristei.

Der für das Kubikmeter umbauten Raumes angesetzte Preis ist in jedem Einzelfalle mit den Preisen ähnlicher Bauwerke desselben Regierungsbezirks oder benachbarter Bezirke, unter Benutzung des in den neuesten statistischen Nachweisungen enthaltenen Materiales, zu begründen.

Um die für die Bauausführung im ganzen erforderlichen Kosten sicher beurteilen zu können, müssen außer den Ausgaben für die Herstellung der Gebäude auch die Kosten der Nebenanlagen sowie der inneren Ausstattung der Gebäude mit Mobiliar, Geräten, Instrumenten und dgl. überschläglich ermittelt werden.

Berechnung der Kosten für eine Nutzeinheit (z. B. Sitzplatz in Kirchen, Krankenbett in Kliniken usw.). Die berechneten Beträge sind mit den Kosten ähnlicher Bauwerke, namentlich solcher in derselben Provinz, in Vergleich zu stellen.

Hier ist ferner mitzuteilen, aus welchen Fonds die Kosten des Baues bestritten werden sollen, und welche Patronats- oder sonstige Beiträge, bestehend in Geld- oder Naturallieferungen (Baumaterial, Rundholz usw.) seitens des Fiskus, ferner, welche Beiträge einschließlich der Hand- und Spanndienste von dazu verpflichteten Gemeinden, Pächtern usw. zu leisten sind.

C. Anschlag.

§ 5.

Der spezielle Kostenanschlag besteht:

1. aus der Massenberechnung nebst Vorberechnung;
2. aus der Materialienberechnung und
3. aus der Kostenberechnung.

Bei Bauten, deren Kosten 5000 Mark nicht übersteigen, kann die Massen- und Materialienberechnung mit der Kostenberechnung vereinigt, d. h. den einzelnen Vordersätzen vorangestellt werden.

1. Massenberechnung. Allgemeines.

§ 6.

Die Massenberechnung erstreckt sich in der Regel:

a) auf die Erdarbeiten,
b) auf die Arbeiten des Maurers,
c) auf die Arbeiten des Steinmetzen,
d) auf die Arbeiten des Zimmermannes,
e) auf die Eisenarbeiten.

Der Massenberechnung ist lose beizufügen eine Vorberechnung (vgl. das Anschlagsbeispiel), aus welcher ersichtlich sein soll:

1. der äußere Umfang des Gebäudes in jedem Geschosse;
2. die Gesamtfläche des Gebäudes in jedem Geschosse und in den Fundamenten;
3. die Flächeninhalte sämtlicher Räume (vgl. § 3);
4. der Umfang sämtlicher Räume;
5. ein Verzeichnis aller Gurtbogen-, Tür- und Fensteröffnungen, Nischen usw., deren Inhalt bei der Materialienberechnung in Abzug kommt.

Die einzelnen Positionen in der Massenberechnung sind mit einer Nummer zu bezeichnen, welche mit der entsprechenden Nummer der Kostenberechnung übereinstimmt, gleichviel, ob dabei Lücken in der Reihenfolge entstehen oder nicht.

Um die rechnerische Prüfung zu erleichtern, sollen lange Zahlenreihen, welche sich über mehrere Zeilen erstrecken, vermieden werden. Die einzelnen Ansätze sind vielmehr möglichst kurz untereinander aufzuführen. Wiederholungen von Rechnungsansätzen sind zu unterlassen; es genügt ein Hinweis auf die Positionsnummern, bei welchen die betreffenden Ansätze bereits vorkommen.

a) Massenberechnung der Erdarbeiten.

§ 7.

Sofern schwierige Fundierungen in Frage kommen, sind für diese besondere Anschläge anzufertigen.

Befindet sich der gute Baugrund bereits in geringer Tiefe unter der Erdoberfläche und bietet die Fundierung demnach keine Schwierigkeiten, so sind die Erdarbeiten unter Tit. I zu veranschlagen. In der Berechnung sind die Ausschachtungen der Baugrube und das Ausheben des Bodens für die Fundamentabsätze, ferner die zur Einebnung des Bauplatzes und zur Abfuhr bestimmten Massen gesondert zu berücksichtigen.

Der Ermittelung des kubischen Inhalts der Baugrube sind die Tiefe bis zu den Fundamenten und die Außenmaße des untersten Fundamentabsatzes unter Hinzurechnung eines der Tiefe der Ausschachtung und der Standfähigkeit des Bodens entsprechenden, in den Grenzen von 0,30 bis 1 m sich bewegenden Arbeits- und Böschungsraumes zugrunde zu legen. Für die Berechnung des Erdaushubes der Fundamente (unterhalb der Sohle der Baugrube) ist der kubische Inhalt des Fundamentmauerwerks, gegebenenfalls unter Zuschlag eines der Bodenart anzupassenden Bruchteiles für Arbeitsraum in Ansatz zu bringen.

b) Massenberechnung der Maurerarbeiten.

§ 8.

Die Berechnung der Mauermassen erfolgt in der Weise, daß von der in der Vorberechnung angegebenen Gesamtfläche eines jeden Geschosses und der Fundamente die Flächen der darin vorhandenen Räume abgezogen werden und der Rest mit der Geschoßhöhe (der Höhe des Fundamentabsatzes) multipliziert wird.

In Ausnahmefällen, wie bei der Ausmauerung von Senkkasten und Brunnen, bei kleinen Vorbauten, alleinstehenden Pfeilern, Treppenwangen und dgl. hat die Ermittelung der Massen durch Multiplikation der einzelnen Längen, Breiten und Höhen zu erfolgen. Dasselbe Verfahren kann auch bei Bauten, deren Kosten 10000 Mark nicht übersteigen, und bei Bauten, in welchen ein starker Wechsel in der Höhe der Räume stattfindet, der das Material der Wände ein verschiedenartiges ist, Anwendung finden.

Die Geschoßhöhen sind von Oberkante Fußboden bis Oberkante Fußboden zu rechnen.

> Mit bezug auf diese letzte Bestimmung wird folgendes eingefügt: Es kommt vor, daß sich beispielsweise auf eine 51 cm starke Außenmauer eine 25 cm starke Kniewand, und zwar bereits auf die Mauergleiche, also da aufsetzt, wo die Unterkante der Balken ist. Nach der Bestimmung soll bis Oberkante Fußboden gerechnet werden. Wo in solchem Falle — und dies wird zumeist zutreffen — eine Ausmauerung zwischen den Balken nicht erforderlich wird, muß der zuviel gerechnete Streifen von Balkenunterkante bis Fußbodenoberkante unter „Abzug" in Abrechnung kommen, weil sonst sowohl im Arbeitslohn wie auch hinsichtlich der Materialberechnung zuviel in Rechnung gestellt wird.

Für Bruchsteinmauerwerk sind die Stärken in vollen Dezimetern anzunehmen oder auf halbe Dezimeter abzurunden; für die Stärke des Ziegelmauerwerks gelten die Maße, welche in Anlage D vorgeschrieben sind. Abweichungen hiervon sind zu begründen.

Von den Mauermassen sind für die Materialberechnung Türen, Fenster, Gurtbogen, Nischen usw. in Abzug zu bringen, während Schornstein- und Lüftungsrohre nicht abgezogen werden. Bei ausgemauerten Fachwerkswänden sind zur Materialberechnung Abzüge für die Öffnungen zu machen.

Besonders zu berechnen sind:

a) die Massen des Zement- und Klinkermauerwerks sowie des Mauerwerks aus porösen und Lochsteinen;
b) die Massen der Mauersteinverblendung;
c) die Massen der aus Haustein hergestellten Teile unter Annahme von mittleren Abmessungen für das Einbinden der Werksteine.

Freistehende Schornsteine sind unter Angabe der Röhrenzahl nach Metern ihrer Höhe zu berechnen. Gewölbe kommen nach den in die Zeichnungen eingeschriebenen Flächenmaßen zum Ansatz, und zwar einschließlich der Hintermauerung. Für Pflasterungen gilt dieselbe Flächenberechnung unter Berücksichtigung der Gurtbogenöffnungen und größeren Nischen.

Bei Ermittelung der Putz- und Fugungsflächen sind die Fenster- und Türöffnungen, deren Leibungen ebenfalls geputzt oder gefugt werden, nicht abzuziehen, während bei Gurtbogenöffnungen *eine* Seite sowohl für die Berechnung der Arbeit wie des Materials in Abzug kommt. Letzteres geschieht auch bei Türen, deren Futterbreite nicht die ganze Stärke der Mauer einnimmt, während Türen mit vollen Futtern auf beiden Seiten beim Putz in Abzug zu bringen sind.

c) Massenberechnung der Steinmetzarbeiten.

§ 9.

Die Steinmetzarbeiten sind wie folgt zu berechnen:

a) Die Quader- und glatte Verblendung nach Quadratmetern ihrer Fläche unter Abzug der Gesimse, Säulen, Pfeiler, Fenstergewände und Verdachungen sowie der Öffnungen usw.;

b) die durchlaufenden Gesimse, Gebälke und dgl. nach ihrer (in der größten Ausladung gemessenen) Länge mit Hinzurechnung der etwaigen Verkröpfungen;

c) alle einzeln auftretenden Bauteile, wie Säulen, Pfeiler, Fenstergewände, Verdachungen, Sohlbänke und dgl. nach der Stückzahl.

Es sind hierbei die wesentlichsten Abmessungen der Werkstücke sowie die Tiefe ihrer Einbindung in das Mauerwerk anzugeben.

Sofern es aus besonderen Gründen erwünscht ist, hat neben der Berechnung nach Flächen, Längen und Stückzahl eine Ermittelung des kubischen Inhalts einzutreten, welcher zur Erläuterung in Klammern hinter den Vordersätzen anzugeben ist.

Bei Treppen sind Podeste nach Quadratmetern und die Treppenstufen nach der Stückzahl unter Angabe ihrer freien Länge zu ermitteln. Bei beiden ist die Tiefe der Einbindung in das Mauerwerk anzugeben. In ähnlicher Weise ist bei Türschwellen, Abdeckungsplatten usw. zu verfahren.

d) Massenberechnung der Zimmerarbeiten.

§ 10.

Mit bezug auf das Formular für die Massenberechnung der Zimmerarbeiten vergleiche das nachfolgende Anschlagsbeispiel. Die Längen der Balken- und Verbandhölzer sind gruppenweise zusammenzufassen und behufs Ermittelung des Kubikinhalts auch die Stärken anzugeben. Die Längen der einzelnen Hölzer müssen aus den Zeichnungen unmittelbar zu entnehmen sein. Stöße, Zapfen und dgl. bleiben bei Ermittelung der Längen unberücksichtigt.

Die Bestimmung, daß Stöße, Zapfen und dgl. bei der Ermittelung der Längen unberücksichtigt bleiben sollen, muß selbstredend für den Anschlag innegehalten werden. Für die praktische Ausführung ist es aber dringend erforderlich, nebenher eine sogenannte Holzliste aufzustellen, bei welcher die Zapfen und dgl. berücksichtigt sind. Die nach den oben angeführten Bestimmungen aufgestellte Massenberechnung kann nicht als Grundlage für die praktische Ausführung dienen, weil alle Hölzer mit Zapfen zu kurz angegeben sind und infolgedessen zu kurz geschnitten werden würden. Die Holzliste muß alle Hölzer in den Längen aufweisen, welche sie vor der Bearbeitung haben müssen.

Im Privatbau wird zumeist die Kostenberechnung auf Grund der Holzliste aufgestellt. Es werden hierbei also — und zwar vollberechtigt — alle Zapfen den Holzlängen hinzugerechnet.

Dielungen, Schalungen und Verschläge sind nach ihrer Fläche, Bohlenunterlagen für Öfen und Kochherde, Kreuzholz- und Bohlenzargen nach der Stückzahl unter Angabe ihrer Größe, Dübel und Überlagsbohlen nach der Stückzahl unter Angabe der Abmessungen der Türöffnungen und der zugehörigen Wandstärke in Ansatz zu bringen.

Für die Flächenberechnungen der Deckenschalungen und Dielungen gelten die für Gewölbe und Pflasterungen getroffenen Bestimmungen. Bei Dachschalungen sind nur die mehr als ein Quadratmeter großen Oberlichte, Schornsteine, Aussteigeluken usw. abzuziehen.

Hölzerne Treppen sind nach der Anzahl der Stufen, die dazu gehörigen Podeste nach Quadratmetern zu berechnen, und zwar einschließlich der Podestbalken, Schalungen, des Eisenzeuges und des Geländers.

Es sei hier eingefügt: Bei zum Teil gewundenen Treppen oder bei solchen, welche sog. „gezogene" Stufen aufweisen, ist es empfehlenswert, die geraden Stufen von den vorbenannten zu trennen, da für gerade Stufen ein geringerer Preis anzusetzen ist. Es sind ferner zu trennen: gelochte und aufgesattelte Treppen.

e) Massenberechnung der Eisenarbeiten.

§ 11.

Für die erforderlichen Eisenkonstruktionen (gewalzte und genietete Träger, Säulen, eiserne Dachbinder usw.) sind die Abmessungen der einzelnen Teile auf Grund von statischen Berechnungen festzustellen. Bei den in diesen Berechnungen wichtigen Formeln sind die Quellen anzugeben. Bei größeren Eisenkonstruktionen kann bei der ersten Veranschlagung von Massenberechnungen abgesehen werden. (Vgl. § 23.)

2. Materialberechnungen.

§ 12.

Materialberechnungen sind je nach Bedarf aufzustellen und zwar in der Regel:

a) für die Maurerarbeiten;
b) für die Zimmerarbeiten; außerdem
c) bei Patronatsbauten für die Steinmetz- und Dachdeckerarbeiten.

a) Materialienberechnung zu den Maurerarbeiten.

§ 13.

Die Materialienberechnung zu den Maurerarbeiten wird nach dem beigefügten Beispiel im Anschluß an die Massenberechnung aufgestellt.

In dieser Berechnung ist bei jeder Position der Bedarf an Steinen, Mörtel usw. nach den Bestimmungen in der Anlage D auszuwerfen. Am Schluß ist aus den ermittelten Mörtelmengen der Gesamtbedarf an Kalk, Zement und Sand unter Benutzung der in der Anlage D angegebenen Verhältniszahlen zu ermitteln.

Es sei hier eingefügt, daß hinsichtlich des Bedarfes an Materialien die Angaben der Anlage D nicht mit den diesem Buche gleichfalls angefügten Angaben für das Garnisonbauwesen übereinstimmen. Für die Privatbaupraxis sind die letzteren empfehlenswerter Insbesondere möge man beachten, daß der Bedarf an Sand nach den Angaben der Anlage D erfahrungsmäßig fast niemals ausreicht. Jedenfalls ist dafür Sorge zu tragen, daß der angefahrene Sand nicht auf dem Bauplatz verschleppt wird.

Der Bedarf an Ziegeln, Formsteinen, Mörtel usw. zur Herstellung von Gesimsen, Fenstereinfassungen u. dgl. ist nach Metern oder stückweise besonders zu ermitteln, Material zum Verputzen der Türen, Fenster, Fußleisten usw. sowie zum Ausbessern beschädigten Putzes wird nicht besonders berechnet, sondern aus dem mit 3 bis 5% zu bemessenden Zuschlage für Bruch und Verlust gedeckt. Nebenmaterialien wie Rohr, Rohrnägel, Draht, Gips usw. sind von der Materialienberechnung auszuschließen (vgl. § 17).

b) Die Materialienberechnung zu den Zimmerarbeiten.

§ 14.

Die Berechnung der Zimmermaterialien erfolgt im Anschluß an die Massenberechnung unter Benutzung desselben Formulars. Die Ermittelung des kubischen Inhalts ist auf die Balken, Lagerhölzer, Fachwerks-, Dachverbandshölzer usw. zu beschränken, während alle übrigen Zimmermaterialien nach Quadratmetern oder nach Stückzahl zu berechnen sind.

Es sei hierzu bemerkt: In der Privatpraxis ist es nicht üblich, die Lagerhölzer nach Kubikmetern zu berechnen. Sie bedürfen keiner besonderen Bearbeitung und scheiden aus dem Abschnitt für zu bearbeitende Hölzer (Balken, Fachwände, Dächer) aus. Im allgemeinen rechnet man die Lagerhölzer unter Angabe der Stärke nach Metern. Vielfach ist es auch gebräuchlich, unter Zugrundelegung des Quadratinhaltes der Gewölbe anzugeben, wieviel Meter für ein Quadratmeter zu rechnen sind. Es läßt sich dies leicht ermitteln, sobald die Entfernung der Lagerhölzer voneinander festgestellt ist.

Für die nach Kubikmetern berechneten Hölzer ist ein Zuschlag von 2 bis 3%, für Bohlen und Bretter von 3 bis 5% als Verschnitt in Ansatz zu bringen.

Es sei hierzu bemerkt, daß für die Privatbaupraxis zu empfehlen ist, für nicht rechtwinklige Räume 8 bis 10 % Verschnitt anzunehmen, namentlich, wenn die Winkel wesentlich vom rechten Winkel abweichen. Für solche Fälle sind 5 % Verschnitt bei Deckenschalungen und Fußböden keineswegs ausreichend. Auch für Räume mit mehreren Wandvorlagen sind mindestens 6 % Verschnitt in Ansatz zu bringen.

Bei Bauten, zu denen Fiskus das Holz aus der Forst in natura hergibt oder dessen Wert zu vergüten hat, ist die Masse der im ganzen erforderlichen Verbandhölzer, Bohlen, Bretter, Schwarten, Latten usw. als Rundholz, nach Stämmen, Sägeblöcken und Stangen getrennt, besonders zu ermitteln. Hierbei ist darauf zu achten, daß die angenommenen Längen der Rundhölzer zur Gewinnung der aus einem Stücke herzustellenden Verbandhölzer ausreichen. Für Verschnitt sind hier ebenfalls die oben bezeichneten Zuschläge in Ansatz zu bringen. Die formelle Handhabung der Umrechnung in Rundholz regelt die Königliche Regierung.

3. **Kostenberechnung** (Allgemeines).

§ 15.

In der Kostenberechnung sind die einzelnen Bauarbeiten nach Titeln zu ordnen. Der Umfang der Arbeiten sowie deren Art ist genau erkennbar zu machen; auch sind im Text alle Nebenleistungen hervorzuheben, welche auf die Höhe der Einzelpreise von Einfluß sein können, z. B. bei Fußböden, ob „gespundet", mit verdeckter Nagelung, aus Brettern von höchstens 20 cm Breite usw. Kommen Nebenleistungen allgemeiner Natur in Betracht, so sind diese am Kopfe des betreffenden Titels zu vermerken.

Eingefügte Bemerkung: Nebenlieferungen allgemeiner Natur kommen z. B. vor bei den Tischlerarbeiten. Der Tischler hat seine Arbeiten frei bis an die Stelle der Einfügung in den Bau anzuliefern und dieselben für den vereinbarten Preis einzusetzen. (Zum Teil, wie bei den Fenstern, mit Hilfe des Maurers. Die Hilfeleistung des letzteren ist bei den Maurerarbeiten nach Stück in Rechnung zu stellen.)

Soweit die Materialien nicht gesondert zur Berechnung gelangen, werden sie im Gegensatze zu dem größten Teil der Maurer- und Zimmerarbeiten gemeinsam mit den Arbeitsleistungen veranschlagt.

Bei den Kostenberechnungen ist das aus den Massenberechnungen zu entnehmende Ergebnis unverändert (also mit 2 Dezimalstellen) als Vordersatz zu verwenden. In den Spalten für die Kosten-Einzelbeträge (nicht Einheitspreise) sind die Pfennige zu berücksichtigen.

Es sei hierzu bemerkt: Bei Angabe der Pfennige ist zu berücksichtigen, daß stets 2 Stellen zu schreiben sind, z. B. 7 Pfennige 07, nicht 7. Ferner ist das richtige Untereinanderschreiben von Zahlen zu beachten. Es ist stets die letzte Zahl unter die letzte Zahl der darüberstehenden zu setzen, z. B.

4352
 315

Diese Maßnahmen erleichtern das Zusammenzählen bzw. das Abziehen von Zahlen und beugen Irrtümern vor. Empfehlenswert ist Anschlagspapier mit feineren Zwischenlinien in den Spalten, in welchen Zahlen zusammengerechnet werden (Länge, Fläche, Inhalt, Abzug).

Am Schlusse des Anschlags ist ohne Rücksicht auf den Umfang des Baues eine nach Titeln geordnete Übersicht der Gesamtkosten zu geben. (Vgl. das nachfolgende Beispiel.) Bei Kirchen-, Pfarr- und Schulbauten, zu welchen Fiskus als Patron oder Gutsherr Materialien oder bare Beiträge zu liefern hat, sind dem Anschlage am Schlusse noch gesonderte Berechnungen dieser Beiträge sowie der den Gemeinden zur Last fallenden Kosten beizufügen.

Bei Forstbauten sind die Kosten der Anfuhr sämtlicher Materialien in einem besonderen Titel des Kostenanschlages zu ermitteln. Ein gleiches gilt für Domänenbauten, bei welchen außerdem die sonstigen, dem Pächter zur Last fallenden Leistungen getrennt anzugeben sind.

In die Kosten für Fuhren, welche von Domänenpächtern unentgeltlich zu leisten sind, müssen die Kosten für das Auf- und Abladen mit eingerechnet werden.

Tit. I. **Erdarbeiten.**

§ 16.

Die in der Massenberechnung ermittelte Menge der auszuhebenden Erde ist einschließlich des Transportes und des Einebnens in Ansatz zu bringen. In den Anschlagspreis ist einzuschließen die Vorhaltung sämtlicher Geräte, Karrdielen usw. Überflüssige, daher abzufahrende Bodenmassen sind besonders zu veranschlagen.

Es sei hier eingefügt: Bei Abgabe der Preise ist die Bodenart zu berücksichtigen. Erdboden, der von Schutt oder Steingeröllen, Wurzelwerk u. dgl. durchsetzt ist, bedingt einen höheren Preis als gleichmäßiger Sandboden. Bei der abzufahrenden Bodenmasse ist zu berücksichtigen, daß 1 cbm Erde der Baugrube etwa 1,25 cbm Erde ergibt, weil sich dieselbe auflockert und naturgemäß einen größeren Raum einnimmt. Auf diese aufgelockerte Masse ist Rücksicht zu nehmen, wenn es sich um Abfuhr derselben nach Kubikmetern handelt.

Bei schwierigen Fundierungen und künstlicher Befestigung des Baugrundes tritt an die Stelle des Tit. I des Hauptanschlages ein Sonderanschlag, welcher sämtliche auf die Fundierung bezüglichen Ausführungen einschließlich der Erdarbeiten, des Wasserschöpfens usw. umfassen muß. (Vgl. § 7.)

Tit. II. Maurerarbeiten.

a) Arbeitslohn.

§ 17.

Die Ausführung des in der Massenberechnung ermittelten Mauerwerks ist bei dem Arbeitslohn ohne Abzug der Öffnungen, für jedes Geschoß gesondert, zu veranschlagen.

Eingefügte Bemerkung: In der Privatbaupraxis ist es allgemein üblich, nicht nur Öffnungen, sondern auch Nischen in den Wänden als volles Mauerwerk zu berechnen. Es ist dies dadurch berechtigt, daß Ecken lotrecht aufzuführen sind und daß jede Nische nach oben hin abgeschlossen werden muß.

Nicht besonders entschädigt wird die Herstellung von Mauerwerk in Zementmörtel statt in Kalkmörtel, die Anlage von Bogen im Mauerwerk usw. (Vgl. Anlage E und Anlage F unter a Nebenleistungen, 1 bis 8.)

Hierzu sei bemerkt: Für die Privatpraxis ist es nicht geraten, Zementmauerwerk zu demselben Preise anzusetzen wie Kalkmauerwerk. Die Herstellung des ersteren ist bedeutend teurer, erfordert ein viel sorgfältigeres Annässen der Steine und wird auch zumeist aus Steinen aufgeführt, die sich schwerer mit dem Hammer bearbeiten lassen. Störend für den ganzen Arbeitsbetrieb ist es ferner, wenn einzelne Teile in Zement-, andere (danebenliegende) in Kalkmörtel aufgeführt werden müssen.

Die Verblendung mit Ziegelsteinen ist auch dann, wenn sie gleichzeitig mit der Hintermauerung erfolgen soll, besonders zu berechnen, und zwar nach dem Flächeninhalt der Ansichten ohne Abzug der Öffnungen, Gesimse usw. Der Preis für die Verblendung ist so zu bemessen, daß darin die Herstellung von einfach gegliederten Pfeilern, Fenstereinfassungen usw., ferner die Reinigung und Ausfugung der Flächen sowie die Berüstung einbegriffen ist. Für das Versetzen von reich gegliederten Fenstergewänden, Verdachungen sowie von einzelnen Architekturteilen ist dagegen eine Zulage für jedes Stück anzunehmen. Sollen einzelne Teile der Flächen aus anderem Material (z. B. aus Haustein usw.) hergestellt werden, so sind diese einschließlich der zugehörigen Öffnungen von den verblendeten Flächen in Abzug zu bringen.

Glatte Putzarbeiten kommen nach den Bestimmungen im § 8 (also zutreffendenfalles unter Abzug von Öffnungen) zur Veranschlagung, und zwar einschließlich des Verputzens der Türen, Fenster, Fußleisten, Ofenröhren, der Lieferung des Rohres, Drahtes und Gipses sowie des Nachputzens, des Schlämmens und Weißens.

In der Privatbaupraxis wird nahezu allgemein das Verputzen der Türen, Fußleisten usw. besonders in Rechnung gestellt, ebenso auch das Nachbessern des gesamten Putzes. Es erscheint dies auch gerechtfertigt, da die Putzflächen während der Bauzeit vielfach durch Zimmerleute, Tischler, Ofensetzer und andere Handwerker beschädigt werden.

Vergleiche im übrigen hinsichtlich der Bereitung des Mörtels sowie des Vorhaltens der Geräte und Rüstungen die technischen Vorschriften, welche bei der Verdingung und Ausführung der Maurerarbeiten zu beachten sind.

Die Beteiligung der Maurer bei dem Verlegen von eisernen Trägern usw. ist im § 23 angegeben.

b) Maurermaterialien.

§ 18.

Die Preise für die Maurermaterialien sind einschließlich der Anfuhr bis zu den Lagerplätzen auf der Baustelle zu bemessen. Bei Domänen- und Forstbauten sind diese Preise jedoch ausschließlich der Anfuhr anzusetzen.

Gewöhnlicher Kalk ist in gelöschtem, Wasserkalk in gebranntem Zustande zu veranschlagen.

Bei Patronatsbauten sind die Kosten für das Einlöschen des Kalkes besonders in Ansatz zu bringen, weil diese Leistung zu den der Gemeinde obliegenden Handdiensten gehört.

Tit. III. Asphaltarbeiten.

§ 19.

Die Asphaltarbeiten sind einschließlich des Materials in Rechnung zu stellen. Isolierschichten sind tunlichst aus Gußasphalt, und zwar in einer Stärke von mindestens 1 cm auszuführen. Bodenbeläge aus Gußasphalt sollen im Innern von Gebäuden 1,5 cm bis 2 cm, in Höfen bis 3 cm stark hergestellt werden. Für befahrbare Asphaltbeläge in Höfen und Durchfahrten empfiehlt sich die Verwendung von Steinasphalt in einer Stärke von 5 cm. Als Unterlage für die Asphaltbeläge ist eine Betonschicht von 15 bis 20 cm Stärke zu wählen, deren Kosten entweder bei Tit. II oder bei Tit. III zu veranschlagen sind.

Gegenüber der Bestimmung, daß tunlichst für Isolierschichten Gußasphalt anzuwenden sei, möge hier für die Privatbaupraxis der Asphaltfilz von Büsscher & Hoffmann empfohlen sein. Asphaltguß ist äußerst spröde und bekommt bei partiellen kleinen Senkungen des Fundaments Risse, die der Feuchtigkeit den Zutritt in das über der Isolierschicht liegende Mauerwerk gestatten. Asphaltfilz ist gegen diese Mängel gesichert. Die Verwendung von Dachpappe zur Isolierung ist nicht empfehlenswert.

Tit. IV. Steinmetzarbeiten.

§ 20.

Die Steinmetzarbeiten sind in der Regel einschließlich der Lieferung des Materials und des Versetzens der Hausteine zu veranschlagen. In Gegenden, wo die Lieferung und Bearbeitung sowie das Versetzen der Hausteine nicht von einem und demselben Unternehmer bewirkt zu werden pflegen, und bei Patronatsbauten, zu denen Fiskus das Material zu vergüten hat, sind die Einheitspreise bei jeder Position getrennt zu berechnen, damit erforderlichenfalls eine gesonderte Vergebung erfolgen kann (vgl. d. Beispiel).

Nachstehende Leistungen und Lieferungen werden nicht besonders entschädigt und sind daher bei Bemessung der Preise für die Steinmetzarbeiten zu berücksichtigen: die Anfertigung der Schablonen, das Heranschaffen und Aufbringen der Werkstücke, die Vorhaltung der Winden, Taue und der sonst erforderlichen Gerätschaften, das Vergießen und Vermauern der zwischen den Werkstücken sowie zwischen diesen und dem Ziegelmauerwerke verbleibenden Räume, die Lieferung und das Vergießen der Dübel sowie das Nacharbeiten und Reinigen der versetzten Steine vor der Abrüstung. Die Dübel sind aus verzinktem oder verbleitem Eisen herzustellen. Zum Vergießen der Werkstücke ist hydraulischer Kalk — nicht Zement — zu verwenden.

Die Kosten für die zum Heben und Versetzen der Werksteine erforderlichen Rüstungen sowie für die Verstärkung bereits vorhandener Rüstungen sind bei diesem Titel zu berechnen.

Die zum Versetzen der Werkstücke erforderlichen Materialien, als Ziegel, Dachsteine, hydraulischer Kalk usw., sind in der Maurermaterialberechnung zu berücksichtigen.

Es sei hier folgendes eingefügt: Die Berechnung des Bedarfes an Werksteinen wird nach Kubikmetern auszurechnen sein, und zwar auf Grund eines sogenannten Schichtenplanes. Die Schichten werden mit Zahlen, die einzelnen Steine mit Buchstaben bezeichnet. Bei Ermittelung des kubischen Inhalts darf nicht übersehen werden, daß jedes Werkstück etwas größer in Ansatz zu bringen ist, als es nach der Bearbeitung werden soll. Früher nannte man diese Zugabe „Arbeitszoll". Im allgemeinen rechnet man jeder Abmessung mindestens 3 cm hinzu. Bemerkt sei noch, daß in der „Steinliste" die gleichgroßen und gleichgestalteten Werksteinstücke mit denselben Buchstaben bezeichnet werden können.

Tit. V. Zimmerarbeiten und Material.

§ 21.

Die Hölzer zu den Balkendecken, Fußbodenlagern, Fachwerkswänden, Dachverbänden usw. werden besonders berechnet, und zwar beim Arbeitslohn nach Metern der Länge, beim Material nach Kubikmetern. Alle übrigen Zimmerarbeiten sind einschließlich des zugehörigen Materials zu berechnen.

Bei Bauten, zu welchen Fiskus das Holz hergibt oder dessen Wert zu vergüten hat, ist im Anschluß an die Ausführungen in den §§ 14 und 15 eine Berechnung des nach der Forsttaxe sich ergebenden Rundholzwertes beizufügen. (Bei der späteren Abrechnung treten an die Stelle der Taxpreise die Versteigerungs-Durchschnittspreise.)

In den Preis für das Zurichten und Verlegen der Balken ist das Ausfalzen derselben für die Stakung oder, wo zu diesem Zwecke Latten zur Verwendung kommen, die Lieferung und Anbringung der letzteren mit einzubegreifen.

Eingefügte Bemerkung: Für die Privatbaupraxis empfiehlt sich obiges Verfahren nicht. Das Anbringen der Latten wird nach Metern berechnet, wobei zu beachten ist, daß Streichbalken nur an einer Seite, die übrigen Balken aber an zwei Seiten Latten erhalten müssen. Die Latten werden fast allgemein unter Angabe ihrer Stärke einschl. der Befestigung und der Lieferung der Nägel in besonderer Position in Rechnung gestellt.

Ebenso ist in die Preise für das Verbinden und Aufstellen der Bauhölzer zu Dachverbänden, Hänge- und Sprengwerken usw. das Anbringen des erforderlichen Eisenzeuges: Klammern, Hängeeisen, Bolzen einzuschließen.

Holztreppen sind nach den Bestimmungen des § 10, Abs. 4 einschließlich des Geländers und des Eisenzeuges zu veranschlagen.

Nägel für Dielungen usw. sind nicht besonders zu berechnen.

Hinsichtlich der Rüstungen wird auf § 17 verwiesen.

Tit VI. Stakerarbeiten.

§ 22.

Die auszustakende Fläche setzt sich aus der Summe der Flächeninhalte der mit Balkendecken zu versehenden Räume zusammen, ohne Abzug für Balken. In die Preise für das Staken ist das Einbringen der Stakhölzer oder Bretter, die Umwicklung oder der Verstrich mit Strohlehm sowie die Ausfüllung der Balkenfache — einschließlich der Lieferung aller Materialien — einzuschließen.

Es sei hier folgendes eingefügt: Podeste der Holztreppen mit Zwischenboden sind den auszustakenden Flächen hinzuzurechnen. In der Privatbaupraxis wird zumeist die Anlieferung und das Einbringen der Einschubbretter oder Schwarten bei den Zimmerarbeiten veranschlagt, wogegen Einbringung und Anlieferung der in Falze einzutreibenden Stakhölzer zu den Stakerarbeiten gehören.

Tit. VII. Schmiede- und Eisenarbeiten.

§ 23.

Anker, Bolzen, Schienen, Fenstergitter u. dgl. sind gewöhnlich nach der Stückzahl, Treppengeländer, Einfriedigungsgitter dagegen nach Metern ihrer Länge unter Angabe der Abmessungen und der Gewichte in Ansatz zu bringen. Eiserne Treppen sind wie hölzerne nach der Anzahl der Stufen, die zugehörigen Treppenabsätze nach Quadratmetern zu berechnen.

Größere Eisenkonstruktionen (Dächer, Träger, Säulen u. dgl.) sind mit Preisen für je 100 kg zu veranschlagen.

Bei zusammengesetzten und genieteten Konstruktionen (eiserne Dächer, genietete Trägersysteme usw.) ist das Aufstellen einschließlich der erforderlichen Rüstungen in die Einheitspreise für je 100 kg mit einzubegreifen. Dagegen ist das Versetzen und Verlegen eiserner Säulen, Träger usw. Sache des Maurers und in dem betreffenden Titel gesondert zu veranschlagen.

Die gründliche Reinigung der Eisenteile von Rost sowie das Grundieren mit Mennige ist bei Bemessung der Preise zu berücksichtigen.

Bei umfangreichen Eisenkonstruktionen genügt zunächst eine überschlägliche Ermittelung der Kosten. Der ausführliche Entwurf und Anschlag muß jedoch bald nach Beginn des Baues ausgearbeitet und zur Revision bezw. Superrevision eingereicht werden.

> Es sei hier folgendes eingefügt: Die Anlieferung der Anker, Bolzen, Schienen, Klammern usw. findet in der Privatbaupraxis zumeist nicht nach Stück, sondern nach Gewicht statt. Bezahlung folgt nach so genannten Wagezetteln. Es ist dringend anzuraten, das Gewicht für die Einzelteile vorzuschreiben. Die Lieferanten neigen vielfach dahin, die Eisenteile unnötig stark zu machen, es ist deshalb ratsam, im Vertrage festzusetzen, daß über das verlangte Gewicht hinaus keine Bezahlung erfolgt.

Tit. VIII. Dachdeckerarbeiten.

§ 24.

Die einzudeckenden Dachflächen ergeben sich aus der Berechnung der Dachschalung (vgl. § 10). (Die Angabe ist für Dacheindeckungen auf Latten nicht zutreffend. Hier sind die Sparrenlängen und die Gebäudelänge maßgebend. Für Dachflächen in unregelmäßiger Form ist die wirkliche Größe zu ermitteln.) Die Eindeckung der Firste, Grate, Kehlen, der Schornstein- und Dachfenstereinfassungen usw., sofern dazu dasselbe Material wie zur Eindeckung des Daches verwendet werden soll, ist in der Regel nicht besonders zu berechnen, vielmehr in den Preis für das Quadratmeter Dachfläche einzuschließen. Wird dagegen zur Eindeckung der genannten Dachteile oder Anschlüsse ein anderes Material verwendet, wie Zink, Kupfer oder Blei, so können hierfür besondere Preise berechnet werden. Dabei muß das Gewicht für 1 qm und die Fabriknummer der Metalle angegeben werden.

In die Preise für das Eindecken der Dachflächen sind einzubegreifen: das Deckmaterial, die etwa erforderlichen Nägel, Leiterhaken u. dgl.

Die Kosten metallener Dachfenster und Aussteigeluken sind einschließlich der Eindeckung, Verglasung und des Anstrichs stückweise zu berechnen. Schneefänge und Laufbretter sind einschließlich des Materials, der Arbeit und des Anstriches mit einem Preise für die Längeneinheit in Ansatz zu bringen.

Für die Privatbaupraxis beachte man: Es ist nicht empfehlenswert, die Dachdeckerarbeiten ohne Anlieferung und Anbringung der Dachlatten seitens des Dachdeckers zu vergeben, denn es ist eine alte Erfahrung, daß bei Fehlern in der Dacheindeckung der Dachdecker die Schuld dem Zimmermann und letzterer die Schuld dem Dachdecker zuschiebt.

Tit. IX. **Klempnerarbeiten.**

§ 25.

Bei den Klempnerarbeiten sind die Abdeckungen der Gesimse, die Verkleidungen der Stirnbretter und Rinnen, Abfallröhren usw. nach Metern oder nach Quadratmetern unter Angabe der Abmessungen zu berechnen; Abdeckungen der Fenstersohlbänke und Verdachungen, Wasserkästen u. dgl. sind stückweise, ebenfalls unter Angabe der Abmessungen zu veranschlagen.

Für die Dachrinne ist eine zweckmäßige und dauerhafte Konstruktion zu wählen; letztere ist zur Begründung des in Ansatz gebrachten Preises durch eine Handskizze zu erläutern.

Es sei hier eingefügt, daß sich Rinnen von halbkreisrundem Querschnitt am besten bewähren. Sie verhindern am ehesten das Stehenbleiben von Wasser. Insbesondere muß aber jede Rinnenkonstruktion als mangelhaft angesehen werden, welche nicht ein Herausnehmen der Rinne zum Zweck der Reparatur derselben gestattet oder diese nur dann ermöglicht, wenn das Deckmaterial der Traufe gleichfalls mit aufgenommen werden muß.

Die Fabriknummer des Bleches und das Gewicht desselben für die Flächeneinheit ist bei jeder Position anzugeben.

Tit. X, XI u. XII. **Tischler-, Schlosser- und Glaserarbeiten.**

§ 26.

Tischler-, Schlosser- und Glaserarbeiten sind getrennt unter Benutzung des Formulars E zu veranschlagen.

Fenster, Glaswände, Türen und Türfutter sind nicht nach der Stückzahl, sondern nach dem Flächeninhalt unter Zugrundelegung der kleinsten Lichtmaße in Ansatz zu bringen. Unter kleinsten Lichtmaßen werden diejenigen Abmessungen verstanden, welche sich nach der Vollendung des Baues für die einzelnen Öffnungen als die geringsten ergeben. Bei den Fenstern sind die Latteibretter und die Futter in den Preis für das Quadratmeter einzubegreifen.

Türverkleidungen sind nach Metern, Türverdachungen nach der Stückzahl zu veranschlagen.

Bei Wandtäfelungen, Parkettfußböden und ähnlichen Arbeiten erfolgt die Berechnung nach Quadratmetern.

Die Schlosserarbeiten (Beschläge zu Türen und Fenstern) sind nach der Stückzahl zu veranschlagen. Stücke, welche gleiche Beschläge erhalten, sind zusammenzufassen.

Die Glaserarbeiten sind nach Quadratmetern zu veranschlagen; die Vordersätze sind aus der Berechnung der Fenster bei den Tischlerarbeiten zu entnehmen, erforderlichenfalls, wie bei Glastüren und -wänden, unter Berücksichtigung eines entsprechenden Abzuges für die Holzteile.

Tit. XIII. Anstreicher- und Tapeziererarbeiten.

§ 27.

Die Anstreicherarbeiten sind je nach der Art und Bedeutung der einzelnen Leistungen entweder nach der Fläche oder nach der Länge zu berechnen. Für die Fenster, Türen, Türfutter usw. sind die Vordersätze aus dem Titel X „Tischlerarbeiten" zu entnehmen. Einfache Fenster sind auf einer Seite, Doppelfenster auf zwei Seiten eines Fensters voll zu rechnen. Die gründliche Reinigung der Gegenstände und die Verkittung der Fugen vor Aufbringung des Anstrichs wird nicht besonders entschädigt.

Die Tapeziererarbeiten sind nach der Fläche meist einschließlich der Borten, Einfassungsstreifen und Papierunterlagen zu veranschlagen. Für die Massenermittelung gelten die bei den Maurer-, Zimmerer- usw. Arbeiten gegebenen Vorschriften; in der Regel werden die dort berechneten Vordersätze hierher übernommen werden können.

Tit. XIV. Stuckarbeiten.

§ 28.

Die Stuckarbeiten sind einschließlich der sicheren Befestigung und aller Materialien, je nach ihrer Art und Bedeutung, entweder stückweise oder nach der Flächen- und Längeneinheit in Rechnung zu stellen. Die zur Befestigung dienenden Eisen sind in sorgfältigster Weise gegen Rost zu sichern.

Tit. XV. Ofenarbeiten, Zentralheizungs- und Lüftungsanlagen.

§ 29.

Kachelöfen, eiserne Füllöfen, Kochherde u. dgl. sind stückweise einschließlich aller erforderlichen Eisenteile und Materialien zu berechnen.

Zentralheizungen sind bei Ausarbeitung des ausführlichen Entwurfes und Anschlages sowohl in den Zeichnungen wie im Erläuterungsbericht und in der Geldberechnung (in letzterer indessen vorläufig nur überschläglich nach dem kubischen Inhalte der zu heizenden Räume und nach dem Gesamtwärmebedarf) nach den Bestimmungen des § 1 der „Anweisung zur Herstellung und Unterhaltung von Zentralheizungs- und Lüftungsanlagen" vom 15. April 1893 zu berücksichtigen. Gleichzeitig mit dem ausführlichen Kostenanschlage ist unter Beachtung der seitens der vorgesetzten Behörden bei der Revision des Vorentwurfes gegebenen Weisungen das Programm für die später einzuleitende Wettbewerbung nebst den erforderlichen Berechnungen vorzulegen.

Tit. XVI. Gas- und Wasseranlagen.

§ 30.

Der Geldberechnung sind Erläuterungen vorauszuschicken, aus denen zu ersehen ist, welchen Umfang die beabsichtigten Anlagen erhalten sollen. Alsdann sind die Auslässe für die Gas- und Wasserleitung getrennt zu ermitteln und hiernach die Kosten der einzelnen Leitungen innerhalb des Gebäudes auf Grund eines Durchschnittspreises für jeden Auslaß zu veranschlagen.

Für die außerhalb des Gebäudes liegenden Gas- und Wasserleitungen sind, soweit dieselben nicht nach § 1 besondere Anschläge erfordern, Bauschsummen auszuwerfen.

Wasch- und Aborteinrichtungen, Ausgüsse usw. sind stückweise in Ansatz zu bringen.

Tit. XVII. Bauleitungskosten.

Kostenbeträge für die Bauleitung sind bei Staatsbauten in die Anschläge nicht aufzunehmen.

Tit. XVIII. Insgemein.

§ 32.

Im Titel „Insgemein" sind alle Arbeiten, welche bei den übrigen Titeln nicht berücksichtigt werden können, aufzuführen. Insbesondere sind die Kosten für Beschaffung und Vorhaltung von Bauzäunen, Materialienschuppen usw., für Richtegelder, Kranken-, Invaliditäts- und Altersversicherungsbeiträge (für diejenigen Arbeiter, welche ihre Löhne aus Fonds zu einmaligen und außerordentlichen Ausgaben der einzelnen Verwaltungen beziehen), Reinigungsarbeiten und ähnliche Ausgaben in getrennten Bauschsummen anzugeben. Falls für Richtegelder ein höherer Betrag als 150 Mark in Aussicht genommen wird, ist derselbe entsprechend zu begründen. Unterstützungen an Arbeiter aus Baufonds werden nicht gewährt.

Am Schlusse dieses Titels ist außerdem für unvorhergesehene Arbeiten und zur Abrundung ein nach Prozenten der bis dahin ermittelten Kostensumme zu berechnender Geldbetrag auszuwerfen.

Formular A. und B.

Vorberechnung und Massenberechnung der Maurerarbeiten.

Pos.	Raum Nr.	Stück-zahl	Gegenstand	Länge m	Breite m	Fläche qm	Höhe m	Inhalt cbm	Abzug

Formular C.

Holzberechnung (wenn erforderlich, doppelseitig).

Pos. der Massen- bzw. Kosten-Berechnung	Stück-zahl	Gegenstand	Länge im ganzen m	Verbandhölzer m					Bohlen qm		Bretter qm		
				21/27	18/27	16/24	13/18	16/16	8 cm	5 cm	3,5 cm	2,5 cm	2 cm

Die Liniierung ist in jedem Falle den zur Verwendung gelangenden Holzstärken entsprechend einzurichten.

Formular D.

Maurermaterialien-Berechnung (wenn erforderlich, doppelseitig).

Pos. der Massen- bzw. Kosten-Berechnung	Stückzahl	Gegenstand	Bruchsteine	Hintermauerungssteine	Verblendsteine	Formsteine	Klinker	usw.	Kalkmörtel	Zementmörtel
			cbm	Stück					Liter	

Die Liniierung ist in jedem Falle den zur Verwendung kommenden Materialien entsprechend einzurichten.

Formular E.

Geldberechnung.

Pos.	Stückzahl	Gegenstand	Einheits-Preis		Geldbetrag	
			Mark	Pf.	Mark	Pf.

Formular F.

Tit.	Zusammenstellung	Mark	Pf.
I.	Erdarbeiten		
II.	Maurerarbeiten a) Arbeitslohn		
	b) Materialien		
III.	Asphaltarbeiten		
IV.	Steinmetzarbeiten		
V.	Zimmerarbeiten und Material		
VI.	Stakerarbeiten		
VII.	Schmiede- und Eisenarbeiten		
VIII.	Dachdeckerarbeiten		
IX.	Klempnerarbeiten		
X.	Tischlerarbeiten		
XI.	Schlosserarbeiten		
XII.	Glaserarbeiten		
XIII.	Anstreicher- und Tapeziererarbeiten . . .		
XIV.	Stuckarbeiten		
XV.	Ofenarbeiten, Zentral-Heizung- u. Lüftungsanlagen		
XVI.	Gas- und Wasseranlagen		
XVII.	Bauleitungskosten		
XVIII.	Insgemein		
	im ganzen .		

Aufgestellt ______	Revidiert ______	Rechnerisch festgestellt
____ den ______	____ den ______	____ den ______
Name ______	Name ______	Name ______
(Amtscharakter) ______	(Amtscharakter) ______	(Amtscharakter) ______

Den vorstehend gegebenen Formularen seien noch folgende hinzugefügt:

Bei Anschlägen für solche Bauten, zu welchen das Holz aus dem Forst verabfolgt wird, oder dessen Wert nach der Forsttaxe zu vergüten ist, ist in einer besonderen Zusammenstellung unter Benutzung nachfolgenden Formulars die Masse des im ganzen erforderlichen Holzes der Verbandhölzer, Bohlen, Bretter, Latten, Schwarten usw., als Rundholz nach Stämmen, Sägeblöcken und Stangen getrennt, zu ermitteln, wobei zu beachten ist, daß die angenommenen Längen der Rundhölzer zur Gewinnung der notwendig aus einem Stück herzustellenden Hölzer ausreichen.

Umrechnung zu Stämmen										Wert nach der Holztaxe der Oberförsterei			
Pos	Stückzahl	Gegenstand	für das Stück			Kubikinhalt der Stückzahl	Klasse			für 19			
			Länge	mittlerer Durchmesser	Kubikinhalt		Schneideholz	Bauholz	Stangen	Einheitspreis		Geldbetrag	
			m	cm	cbm	cbm				M.	Pf.	M.	Pf.

Massenberechnung der Eisenarbeiten.

Für größere Eisenkonstruktionen (gewalzte und genietete Träger, Säulen, einzelne Dachwerke usw.) sind durch statische Berechnung die Dimensionen der einzelnen Teile festzustellen. Danach sind die Massen der zu beschaffenden Eisensorten (nach Art der Konstruktion getrennt) nach Gewicht zu ermitteln.

Statische Berechnungen sind etwa in folgender Form anzusetzen:

Saaldecke (9,6 × 7,5 m).

1 Träger (R) auf 3 gleich weiten und gleich hohen Stützen.

Die Belastung desselben durch die Balkendecke usw. beträgt:

$$\frac{1}{2} \times 9{,}60 \times 7{,}50 \times 400 = 14400 \text{ kg.}$$

Hierzu ist erforderlich ein Widerstandsmoment:

$$W = \frac{14400 \times 960}{32 \times 750} = 576$$

Ein Träger nebenstehender Abmessung mit W = 577, Gewicht für 1 lfd. m = 51,4 kg genügt.

Unterlagsplatte = 28 × 28 × 1 cm,

Gewicht = 5,64 kg.

Gußeiserne Säule (Q), 4,00 m hoch. Belastung:

$$P = \frac{5}{8} \cdot 14\,400 = 9000 \text{ kg}.$$

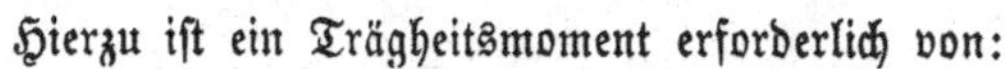

Hierzu ist ein Trägheitsmoment erforderlich von:

$$J = \frac{P \times n \times l^2}{10 \times E} = \frac{9000 \times 6 \times 400 \times 400}{10 \times 1\,000\,000}$$

J = 864.

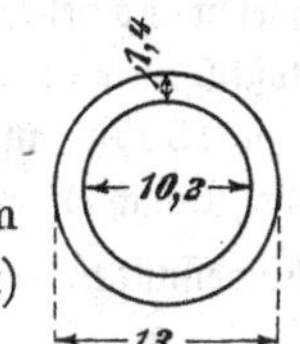

Eine Säule von nebenstehenden Abmessungen mit F = 51 qcm und einem Gewicht für ein Meter = 45 kg (stehend gegossen) genügt.

Nachdem auf diese Weise sowohl die Profile als auch die Gewichte der einzelnen Konstruktionsteile ermittelt worden sind, bewirkt man behufs Ermittelung der Massen die Zusammenstellung derselben nach dem hier angefügten Formular.

Zusammenstellung über Träger und Stützen.

Pos. des Anschlages	Bezeichnung in der statischen Berechnung	Gegenstände	Gewalzte Träger: Trägerlänge m	Gewalzte Träger: Gewicht für ein Meter kg	Gewalzte Träger: Gewicht im ganzen kg	Unterlagsplatten: Unterlagsplatten Stück	Unterlagsplatten: Gewicht der Platten im einzelnen kg	Unterlagsplatten: Gewicht der Platten im ganzen kg	Säulen: Eiserne Säulen Stück	Säulen: Gewicht im einzelnen kg	Säulen: Gewicht im ganzen kg
	R	1 Stck. schmiedeeiserner Träger zu 9,6 m lang	9,6	51,4	493,44	2	5,64	11,28	.	.	.
	Q	Gußeis. Säule, 4,0 m lang .	.	.	.	.	.	.	1	180	180

4. Technische Grundsätze*).

Die Anlage C enthält technische Grundsätze für die Aufstellung von Entwürfen und Kostenanschlägen. Es sei mit bezug hierauf verwiesen auf die Dienstanweisung für die Lokalbaubeamten der Staats-Hochbauverwaltung. Verlag von Wilhelm Ernst & Sohn, Berlin.

*) Vergleiche: „Die Geschäfts- und Bauführung" von G. Benkwitz, 2. Auflage. Verlag: Julius Springer, Berlin.

5. Bestimmungen über die Größe von Mauer- und Dachsteinen sowie über das Mischungsverhältnis von Kalk- und Zementmörtel

(Anlage D der Dienstanweisung).

§ 1.

Die bei den Hochbauten zur Verwendung gelangenden Mauersteine müssen eine Länge von 25 cm, eine Breite von 12 cm und eine Stärke von 6,5 cm aufweisen (Normalformat).

Bei diesen Abmessungen und den unten verzeichneten Mauerstärken ist für die Stoßfugen eine Stärke von 10 mm zugrunde gelegt. Die Lagerfugen sind zu 12 mm angenommen, wonach sich für jedes Meter der Höhe rund 13 Ziegelschichten ergeben.

Die Abmessungen der Mauern betragen:

1/2 Stein	= 12 cm	2 1/2 Stein	= 64 cm
1 „	= 25 „	3 „	= 77 „
1 1/2 „	= 38 „	3 1/2 „	= 90 „
2 „	= 51 „	4 „	= 103 „

usw. mit einem Zuwachs von 13 cm für jede 1/2 Stein größere Mauerstärke.

Von dem Normalformat abweichende Steine dürfen nur dann verwendet werden, wenn brauchbare Ziegel in den oben vorgeschriebenen Abmessungen nur bei wesentlicher Erhöhung der Kosten und bei erheblicher Verzögerung der Bauausführung zu erlangen wären.

Mauerwerk im sogenannten Klosterformat. (Größe der Steine: 28,5 cm lang, 13,5 cm breit, 8,5 cm hoch.) Lager- und Stoßfugen je 1,5 cm.

Wandstärke:

1/2 Stein stark	= 13,5 cm	2 Stein stark	= 58,5 cm
1 „ „	= 28,5 „	2 1/2 „ „	= 73,5 „
1 1/2 „ „	= 43,5 „	3 „ „	= 88,5 „

Auf 1 m Höhe sind 10 Schichten anzunehmen.

In den Gegenden der unteren Elbe und unteren Weser sowie in Schleswig-Holstein sind für die ortsüblichen Ziegelsteine kleineren Formates die Abmessungen von 22 : 10,5 : 5 cm — Oldenburger Format — und von 23 : 11 : 5,5 cm — Kieler Format — festgesetzt.

§ 2.

Verblendziegel können etwas größere als die für Hintermauerungssteine vorgeschriebenen Abmessungen aufweisen; ihre gleichzeitige Verwendung mit Ziegeln des Normalformates darf indessen nur dann erfolgen, wenn die Stoß- und Lagerfugen der Verblendung noch eine Stärke von mindestens 8 mm erhalten können. (Größe der Verblendsteine: 252 : 122 : 69 mm.)

§ 3.

Zur Beseitigung der erheblichen Übelstände, welche sich aus der großen Verschiedenheit in den Abmessungen der glatten Dachsteine (sog. Biberschwänze) ergeben haben, ist ein Normalformat

von 365 mm Länge, 155 mm Breite, 12 mm Stärke

eingeführt worden.

Die zulässige Abweichung von der Länge und Breite darf höchstens 5 mm und von der Stärke höchstens 3 mm betragen.

Das Normalformat ist bei allen Entwürfen und Kostenanschlägen zugrunde zu legen.

Von der Einführung eines Normalformats für Firstziegel, Dachpfannen und Falzziegel ist einstweilen Abstand genommen.

§ 4.

Die Bestandteile des Kalkmörtels sind in der Regel so zu mischen, daß bei mittelgutem Sande für Ziegelmauerwerk auf 1 Teil Kalk = 2 Teile Sand — für Bruchsteinmauerwerk auf 1 Teil Kalk = 3 Teile Sand — zugesetzt werden. Eine derartige Mischung ergibt etwa 2,4 bzw. 3,2 Teile Mörtel.

Erscheint unter Umständen ein weniger fetter Mörtel ausreichend, oder ergibt der zur Verfügung stehende Kalk mehr oder weniger Masse, so ist die Anwendung anderer Zahlen in den Anschlägen zu begründen.

§ 5.

Der bei Hochbauten zur Verwendung gelangende Zement ist je nach Bedürfnis mit 1, 2 oder 3 Teilen Sand zu vermischen. Derartige Mischungen ergeben etwa 1,25, 2,10 oder 2,90 Teile Mörtel.

Von der Verwendung des Zementes ohne Zusatz von Sand ist bei Hochbauten in der Regel abzusehen, auch eine Mischung von 1 Teil Zement und 1 Teil Sand nur ausnahmsweise zuzulassen. In den meisten Fällen wird ein Zusatz von 2 oder 3 Teilen Sand zu wählen sein.

Für das Versetzen und Vergießen bearbeiteter Werksteine ist hydraulischer Kalk oder, wo ein schnelles Abbinden des Mörtels erreicht werden soll, eine Mischung von gewöhnlichem Kalk mit mäßigem Zusatz von Zement (sog. verlängerter Zementmörtel) zur Anwendung zu bringen. Reiner Zement ist für den genannten Zweck nicht zu verwenden.

§ 6.

Für Bruch und Verlust sind am Schluß der Materialienberechnung, je nach der Güte der zur Verwendung kommenden Materialien und den örtlichen Verhältnissen entsprechend, angemessene Zusätze von 2 bis 5 % zu machen. Diese sind so zu bemessen, daß die Ziegelmengen auf volle Tausend, die

Bruch- und Hausteine auf volle Kubikmeter, die Mörtelmassen auf volle hundert Liter abgerundet werden.

Aus den berechneten Mörtelmengen ist der Kalk und Zement durch Division der Massen mit den in §§ 4 und 5 angegebenen Verhältniszahlen (2,4 bzw. 3,2 oder 1,25, 2,10 und 2,90) zu ermitteln.

§ 7.

Der Bedarf an Steinen und Mörtel für Maurer- und Dachdeckerarbeiten ist in der nachfolgenden Zusammenstellung angegeben, deren Ansätze sowohl für die Veranschlagung wie für die Abrechnung maßgebend sind.

Es sei hier darauf hingewiesen, daß die Aufstellung des Materialbedarfes der Garnisonbau-Verwaltung nicht in allen Teilen mit der nachfolgenden Aufstellung der Staats-Hochbauverwaltung übereinstimmt. (Vgl. Abschnitt 11b Vorschriften aus der Garnison-Bauordnung.)

6. Zusammenstellung

des Bedarfes an Steinen und Mörtel für Maurer- und Dachdeckerarbeiten.

(Nach Anlage D der Dienstanweisung für die Lokalbaubeamten der Staats-Hochbauverwaltung.)

	Gegenstand	Ziegel Stück	Mörtel Liter
1	cbm volles Mauerwerk aus Bruchsteinen erfordert 1,25 bis 1,30 cbm regelmäßig aufgesetzte Steine	—	330
1	„ volles Ziegelmauerwerk erfordert	400	280
	1000 Ziegel in Wänden / 1000 „ „ Schornsteinen / 1000 „ „ Gewölben } zu vermauern erfordert .	—	700
1	qm $^1/_2$ Stein starke Ziegelmauer ohne Öffnungen erfordert	50	35
1	„ 1 „ „ „ „ „ „	100	70
1	„ $1^1/_2$ „ „ „ „ „ „	150	105
1	„ 2 „ „ „ „ „ „	200	140
1	„ $^1/_2$ „ „ Fachwand auszumauern	35	25
1	„ $^1/_2$ „ „ „ zu verblenden (einschließlich $^1/_2$ Stein breiter Einfassung des Holzwerks)	75	50
1	„ $^1/_2$ Stein starkes Tonnengewölbe bis zu 4 m Spannweite (in der Ebene gemessen) einschl. der üblichen Hintermauerung	95	70
1	„ 1 Stein starkes desgl.	190	140
1	„ $^1/_2$ „ „ gedrücktes Gewölbe (elliptischen Querschnittes)	90	65
1	„ 1 Stein starkes desgl.	180	130
1	„ $^1/_2$ „ „ Kreuzgewölbe (halbkreisförmig), die Grate $1^1/_2$ Stein breit und 1 Stein hoch	125	90
1	„ $^1/_2$ Stein starkes desgl. (flachbogig, sonst wie vor) .	95	70
1	„ $^1/_2$ „ „ Kappengewölbe (flachbogig, ohne Verstärkungsrippen)	75	55
1	„ $^1/_2$ Stein starkes Kappengewölbe (flachbogig, die Verstärkungsrippen $1^1/_2$ Stein breit und 1 Stein hoch) .	82	60
1	m freistehender Schornsteinkasten mit russischen Röhren (14 cm zu 20 cm) und $^1/_2$ Stein starken Wangen bei 1 Rohr .	60	45
	„ 2 Röhren	100	70
	„ 3 „	140	100

	Gegenstand	Ziegel Stück	Mörtel Liter
1	m freistehender Schornsteinkasten mit 1 russischen Rohr bei 1 Stein starken Wangen	85	60
1	qm flachseitiges Ziegelsteinpflaster in 1,2 cm starker Kalkmörtelbettung	32	17
1	„ flachseitiges Ziegelsteinpflaster desgl. mit vergossenen Fugen in Sandbettung	32	8
1	„ hochkantiges Ziegelsteinpflaster mit 6 mm starken Stoßfugen in Mörtelbettung	56	30
1	„ Betonestrich, 10 cm stark (8 cm Betonierung, 2 cm starker Überzug von Zementmörtel)		50
1	„ Fliesenpflaster aus Granit-, Sandstein-, Schiefer- und Tonplatten, durchschnittlich		25
1	m Rollschicht mit vollen Fugen	13	10
1	qm Verblendmauerwerk ohne Öffnungen, aus ganzen und halben Steinen im Kreuzverbande (gleichzeitig mit der Hintermauerung aufzuführen)	75	52
1	„ desgl. ohne Öffnungen, aus halben und viertel Verblendsteinen (nachträglich aufzuführen), an Viertelsteinen .	50	40
	„ halben Steinen	50	
1	„ glatter Wandputz, 1,5 cm stark		17
1	„ „ „ 2 „ „		20
1	„ „ „ auf ausgemauert. Fachwerkswänden		15
1	„ schlichter Fassadenputz mit Fugen		20—25
1	„ Ausfugung bei Feldstein- und Bruchsteinmauerwerk .		15
1	„ „ „ Ziegelmauerwerk		5
1	„ „ „ Fachwerk		3
1	„ Rapp-Putz		13
1	„ glatter Putz auf halbkreisförmigen Tonnen- oder Kreuzgewölben, durchschnittlich		26
1	„ glatter Putz auf gedrückten (elliptischen) Tonnen- oder Kreuzgewölben, durchschnittlich		23
1	„ glatter Putz auf flachen oder böhmischen Kappengewölben		20
1	„ Deckenputz auf einfach gerohrter Schalung ohne Gipszusatz		20
1	„ „ wie vor mit Gipszusatz		17
1	„ „ auf doppelt gerohrter Schalung mit Gipszusatz		30
1	„ Wand- u. Gewölbeflächen 2 mal zu schlämmen 0,5 Liter Kalk		
1000	Stück Dachsteine (Biberschwänze) böhmisch in Kalk zu legen		720
1000	„ „ nur mit Kalk zu verstreichen		480
1000	„ Dachpfannen in Kalkmörtel zu legen		1200
1000	„ Hohlziegel (zur Dachdeckung) desgl.		720
1000	„ „ mit Kalkmörtel zu verstreichen		350

	Gegenstand	Ziegel Stück	Mörtel Liter
1	m Kalkleisten an Giebeln und Schornsteinen		5
1	qm einfaches Dach aus Biberschwänzen auf 20 cm weiter Lattung	35	
1	„ Doppeldach aus Biberschwänzen auf 14 cm weiter Lattung	50	
1	„ Kronendach aus Biberschwänzen auf 25 cm weiter Lattung	55	
1	„ Deckung mit kleinen holländischen Pfannen (34 zu 24 cm, 2 cm stark)	20	
1	„ Deckung mit großen holländischen Pfannen (39 zu 26 cm, 1,5 cm stark)	15	
1	„ Falzziegeldach auf 31 cm weiter Lattung	16	
1	m Deckung des Firstes mit Hohlziegeln (40 zu 17 cm, 2 cm stark)	5	

Den vorstehenden Vorschriften seien hier nachfolgende Angaben hinzugefügt:

a) Bedarf an Verblendsteinen.

Beim Fugenmauerwerk, falls die Wandflächen mit besseren Steinen (Verblendern) verblendet werden, muß der Bedarf der letzteren ermittelt und von der Masse der Hintermauerungssteine abgezogen werden. Es wird hierbei die Art und Weise der Verblendung zu berücksichtigen sein. Werden die Verblendsteine gleichzeitig mit den Hintermauerungssteinen verlegt, so hat man zu rechnen:

Für 1 Meter = 13 Schichten.

Hiervon 6 Läufer- und 7 Binderschichten.

1 m Läufer = 4 Steine

1 „ Binder = 8 „

mithin (6 × 4) + (7 × 8) = 80 Steine für 1 Quadratmeter.

Rechnet man hierzu 5 % für Bruch und Verlust, so ist der Bedarf ausreichend genau ermittelt.

Bei der Verblendung mit ¾ Steinen und Riemchen, falls man letztere dadurch gewinnt, daß man von den ganzen Verblendern je ¼ Stein abschlägt, erhält man den sogenannten Kopfverband.

Hierbei hat man zu rechnen:

Für ein Quadratmeter 7 Schichten zu 8 Steinen = 56 ganze Steine.

Hierzu 5 % für Bruch und Verlust.

Geschieht die Verblendung mit Läufern und Riemchen, so daß letztere in der Ansicht die Stelle der Binder vertreten, so hat man zu rechnen für 1 Quadratmeter:

6 Läuferschichten zu 4 Steinen = 24 Läufer,
7 Riemchenschichten zu 8 Riemchen = 56 Riemchen;

oder umgekehrt:

7 Läuferschichten zu 4 Steinen = 28 Läufer,
6 Riemchenschichten zu 8 Riemchen = 48 Riemchen.

Durchschnittlich $\frac{24 + 28}{2} = 26$ Läufer.

$\frac{56 + 48}{2} = 52$ Riemchen.

Die Verblendung kann auch als Kopfverband mit halben Steinen in der einen und Riemchen in der andern Schicht erfolgen. In solchem Falle ist die oben angeführte Anzahl der Läufer zu verdoppeln*).

Bei Ermittelung der zu verblendenden Wandflächen sind Tür- und Fensteröffnungen nach ihren äußeren lichten Maßen abzuziehen. Formsteine für Gesimse, Tür- und Fensterumrahmungen sind nach Metern zu ermitteln. Die Formsteine, gleichviel, ob Läufer, Binder oder Dreiviertelsteine, sind von der Anzahl der Verblendsteine als ganze Steine abzuziehen.

Die Berechnung der Formsteine erfordert entsprechende Spalten. Jede Spalte kann mit einer kleinen isometrischen Zeichnung des betreffenden Formsteins versehen werden. Außerdem ist zu berücksichtigen:

a) ob die Steine auftreten als Binder, Läufer, Rollschichtsteine, Dreiviertelsteine (bei Tür- und Fensterumrahmungen), halbe Steine oder Riemchen,
b) ob zu jeder Formsteinart Ecksteine erforderlich sind für einspringende oder ausspringende Ecken,
c) ob alle Formsteine dieselbe Färbung haben oder nicht,
d) ob die Formsteine glasiert sind,
e) ob für Bogen keilförmige Steine erforderlich sind.

Bei Normalformsteinen ist nur die Nummer der Steine (vgl. 7. Normen d. Baumaterialien) erforderlich.

b) Deckenputz.

Für 1 qm Deckenputz bei einfacher Berohrung:

0,9 qm Bretter, 2 cm stark, 20 cm breit mit Zwischenräumen von 2 cm;

---

*) Bedarf nach der Anweisung (Anlage D): 50 Viertelsteine und 50 halbe Steine. Sicherer rechnet man mit 52 Stück. Erfahrungsmäßig werden trotz strenger Beaufsichtigung oft genug Verblendsteine als Hintermauerungssteine mit verwendet. Fast bei jedem Verblendbau reicht die ausgerechnete Masse an Verblendsteinen nicht aus.

25 Nägel, 6 cm lang (60 Nägel wiegen 0,28 kg), 31 Stengel Rohr, 11 m Draht und 85 einfache Rohrnägel.

Für 1 qm Rohrdeckenputz bei doppelter Berohrung:

30 l Mörtel und 41 l Gips, 62 Stengel Rohr, 22 m Draht, 85 einfache und 85 doppelte Rohrnägel.

„ 1 „ desgl. auf Pliesterlatten.

Hierzu gehören außerdem:

17 m Latten, $\frac{2,5}{5}$ cm stark,

25 Pliesternägel (1000 Stück = 0,9 kg),

0,7 kg Heu und 0,1 kg Kälberhaare.

„ 1 „ Voute.

Hierzu gehören:

8 l Gips, 140 Stengel Rohr, 40 m Draht und 210 große und kleine Nägel.

c) Lehmmaterial.

		cbm	Stakholz Raummeter	Stroh kg	Sand cbm
10 qm Wellwand, 60 cm stark		7		25	
10 „ ausgestakte Fachwand	ohne Abzug des Holzes	1	0,3	5	0,6
10 „ halber Windelboden	ohne Abzug des Holzes	1	0,4	5	0,6
10 „ Einschubdecke	ohne Abzug des Holzes	0,1	0,3	5	0,6
10 „ Lehmputz		3		12	
10 „ Lehmschindeldach		0,5	1,3 m Lattstamm		

d) Bedarf an Gips.

1 Teil Gips gibt ³/₄ Teile Gipsmörtel (1 hl = etwa 90 kg).

Es erfordert:

	Liter
1 qm Putz auf gerohrten Wänden und Decken bei geringem Zusatz zum Kalkmörtel, 1,5 cm stark	1,3
1 „ desgl. bei starkem Zusatz zum Kalkmörtel	3,0
1 „ berohrte Fachwerkwand, Hölzer 15 bis 20 cm breit	1,3
1 „ desgl. „ 17,5 „ 20 „ „	2,0
1 „ glatter Fassadenputz	1,3
1 „ Fassade mit leichten Fugen	2
1 „ desgl. mit leichten Quadern	2
1 m Voute, 10 bis 15 cm breit, 7,5 cm Ausladung	3–3,5
1 „ Brustgesims 15 cm breit, 7,5 cm „	3,5–4,4
1 Fenstereinfassung	16–28
1 Fries und Verdachung desgl.	28–40
100 m Gesimsabdeckung	17,5

e) Ofenbaumaterial.

Auf je 1 l Lehm ist 0,1 l Sand zu rechnen.

f) Bedarf an Kacheln usw.

Zu einem Ofen von a Kacheln Länge, b Kacheln Breite für jede Höhenschicht 2 (a + b) — 6 gerade Kacheln und 4 Ecken, auf jede Sockelschicht 2 gerade Kacheln mehr.

	Mauer- Ziegel Stück	Dach- Ziegel Stück	Lehm Liter
1 Ofen, $3^1/_2$ Kacheln lang, 2 Kacheln breit, 8 bis 9 Kacheln hoch	30	125	430
1 „ 4 bis $4^1/_2$ Kacheln lang, $2^1/_2$ Kacheln breit (9 bis 10 Kacheln hoch)	40	150	560
1 „ $4^1/_2$ „ 5 „ „ 3 „ „ (9 bis 10 Kacheln hoch)	50	180	620
1 „ 5 „ $5^1/_2$ „ „ $3^1/_2$ „ „ (9 bis 10 Kacheln hoch)	55	210	680
1 „ $5^1/_2$ „ $6^1/_2$ „ „ 4 „ „ (9 bis 10 Kacheln hoch)	60	250	830
1 Koch-Plattenherd (Platte 80 cm im Quadrat) mit Bratofen und Heizloch, $8^1/_2$ Kacheln lang, $3^1/_2$ Kacheln breit	200	75	750
1 Waschkessel einmauern (Kessel 76 cm Durchmesser) ausschließlich Fundament	260	—	206
1 Backofen zu 1 z Mehl, 2,5 und 2,8 m im Lichten	3200	—	2000

g) Eisenschienen.

Zu einem Heizofen 4 mal die Ofenbreite in m × 0,3 kg.
„ „ Bratofen 4 „ (0,5 bis 0,6 m) × 0,3 kg.

h) Rohrbedarf.

1 Schock Rohr hat 2 Bunde von je 20 cm Durchmesser und 1,9 m Länge und enthält 900 Stengel.

Es erfordern:

10 qm verschalte Wand oder Decke . . . . 0,35 Schock
10 „ Fachwand (für 10 qm 17,5 m Holz gerechnet) 0,12 bis 0,14 „

i) Dachdeckungsmaterial.

(Mit bezug auf den Bedarf siehe die Zusammenstellung des Materialbedarfes für Ziegeldächer der Garnisonbauverwaltung (11 c).)

Latten, 6/4 cm stark, 6,25 bis 4,5 m lang.

Lattnägel, 9 cm lang, 60 Nägel wiegen 0,47 kg;
0,90 m Latte erfordert 1 Nagel + 10 % Verlust.

Pappdach, 1 : 12 Steigung. Verschnitt 4 bis 5 %.
Bei einem Leistendach sind erforderlich:
1,05 qm Pappe, 1,10 m Deckleisten, 1,10 m Deckstreifen.

Schindeldach, 1:2 Neigung, für 1 qm:

bei 42 cm Lattenweite 32 Schindeln, ausschl. der doppelten Traufreihe;
„ 20 „ „ 60 „ „ „ „ „

für 1 m Lattenreihe 13 Schindeln;

Schindel 10 cm breit, 0,47 bis 0,80 lang; für 2 Schindeln 43 Nägel.

Englisches Schieferdach, $^1/_4$ Neigung.

1 qm englischer Schiefer wiegt 1,3 kg.

Keine seitliche Überdeckung; der dritte Stein überdeckt den ersten darunterliegenden um etwa $^1/_3$.

Für 1 Tafel 2 Nägel + 10% Verlust.

Maße in Zentimetern	Bedarf für 1 Quadratmeter	Lattenweite bei schräger Deckung	Lattenweite bei gerader Deckung	Lattenbedarf für 1 Quadratmeter	Gewicht für 1200 Stück
	Stück	cm	cm	m	kg
61/36	10,5	35	28,5	3,00/3,70	3000
61/30	12,4				2600
56/30	13,7	30	23,5	3,50/4,45	2450
51/25	18,3				1675
46/23	23,0	28	21	3,75/5,00	1350
41/20	30,0	25,5	18	4,10/5,85	1050

k) Zinkblech.

Gewicht für 1 qm.

Zinkblech Nr. 9 = 3,15 kg.
„ „ 10 = 3,50 „
„ „ 11 = 4,06 „
„ „ 12 = 4,62 „
„ „ 13 = 5,18 „
„ „ 14 = 5,74 „

l) Gewichte der für Bauzwecke verwendeten Kupfer-, Zink- und Bleitafeln.

(Nach den „Technischen Grundsätzen der Abteilung für das Bauwesen".)

Gewicht des qm Kupfertafel . . . 6 bis 7 kg.
„ „ „ Zinkblech Nr. 11 = 4,06 „
„ „ „ „ „ 12 = 4,62 „
„ „ „ „ „ 13 = 5,18 „
„ „ „ „ „ 14 = 5,74 „
„ „ „ „ „ 15 = 6,65 „

Gewicht des qm Walzblei von	1 mm Stärke	= 11,5 kg.
„ „ „ „	„ 2 „ „	= 23,0 „
„ „ „ „	„ 2,5 „ „	= 28,7 „
„ „ „ „	„ 3 „ „	= 34,5 „
„ „ „ „	„ 4 „ „	= 46,0 „
„ „ „ „	„ 5 „ „	= 57,5 „

7. Normen bezüglich der Anfertigung und Lieferung der Baumaterialien.

a) Abmessungen der Ziegelsteine.

Mit bezug auf die Abmessungen der Ziegelsteine ist bereits das Erforderliche mitgeteilt worden.

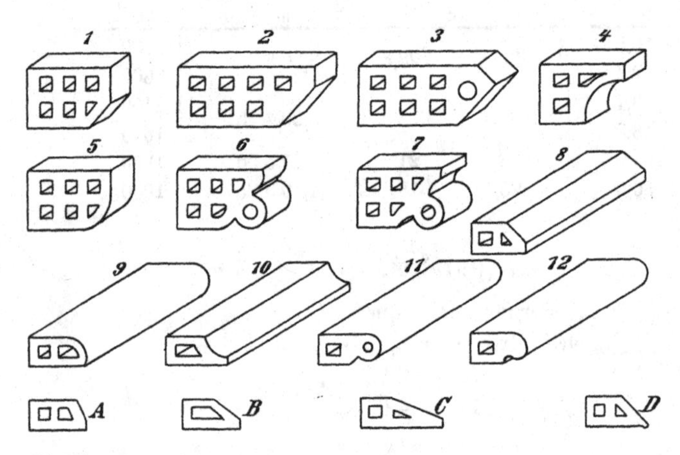

b) Normen bezüglich der Verblend- und Formsteine.

Die im Jahre 1879 in Berlin abgehaltene General-Versammlung des deutschen Vereins für Fabrikation von Ziegeln usw. hat ein Werk angebahnt, welches im Laufe der Jahre erhebliche Mängel und Übelstände der Bauausführung im Backsteinrohbau beseitigt hat. Es ist gelungen, sowohl für die Herstellung von Verblendsteinen als auch von einfachen Formsteinen Normalgrößen und Formen zu vereinbaren, welche sich für öffentliche und private Bauausführungen in ausgedehntem Maße Eingang verschafft haben.

Die zum Beschluß erhobenen Grundsätze sind folgende:

1. An dem bisherigen Normalformat von 250, 120 und 65 mm ist für die Hintermauerungssteine festzuhalten und eine strenge Durchführung mehr als bisher anzustreben.

2. Die zulässigen Abweichungen sind nach der Feinheit des Materials und der beanspruchten Eleganz des Baues in jedem Falle festzusetzen. Bei feinen Verblendern sollen die Abweichungen in den Abmessungen der Steine untereinander 1 mm nicht überschreiten.

3. Die Wandungsstärken für Lochsteine hängen von dem Material und von dem Zweck ab, zu dem der Stein verwendet werden soll. Bei äußeren Verblendsteinen sollen die Wandungen nicht weniger als 22 mm betragen. Bei senkrecht gelegten Steinen (Ecksteine, Profil- sowie Bogensteine) dürfen die Löcher zur Vermeidung von Mörtelverlust und starkem Setzen des Mauerwerks nicht größer sein als 15 mm im Durchmesser.

4. Es ist wünschenswert und der Verbreitung des Ziegelrohbaues förderlich, wenn auf den Ziegeleien neben den gewöhnlichen Verblendsteinen, Dreiquartieren usw. auch eine Anzahl einfacher und häufig wiederkehrender Profilsteine vorrätig gehalten wird. Diese Steine sind auf allen Ziegeleien als Normalformsteine mit denselben fortlaufenden Nummern zu bezeichnen, welche sich nur auf das Profil beziehen, wogegen Steine desselben Profils, jedoch in abweichenden Längen, keilförmig usw., durch hinzugefügte Buchstaben zu bezeichnen sind, z. B. 4a, 4b usw. Behufs leichterer Einbürgerung solcher Normalsteine sind davon zunächst nur 12 anzufertigen. Vgl. die Zeichnung.

Nr. 1. Kleiner Schmiegstein, 187 mm lang (Schmiege 70 mm lang).

Nr. 2. Großer Schmiegstein, 252 mm lang.

Nr. 3. Achteckstein (Achteck), wie Nr. 2, jedoch mit rechteckiger Stoßfuge.

Nr. 4. Hohlkehle, Nr. 5 Rundeck (Wulst), Nr. 6 und 7 Rundstabsteine, einfache Profilsteine in der Größe eines Dreiquartiers, d. h. 187 mm lang.

Nr. 8. Abwässerungsstein (Schrägstein), Nr. 9 Rundkant, Nr. 10 Hohlkant, Nr. 11 Wulst, Nr. 12 Wassernase (Nasenstein), einfache Gesimssteine, 250 zu 120 zu 65 mm groß, das Profil an der langen Seite.

Zu den Steinen 8 bis 12 sind möglichst auch Ecksteine (im rechten Winkel), 122 mm lang und in den Seiten so lang vorrätig zu halten, daß nach Abzug des Profils $^1/_2$ bezüglich $^3/_4$ Stein von der Ecke aus übrig bleibt.

c) Formate von Klinkern, Dachsteinen usw.

In dem im Kommissionsverlage von Ernst Töche erschienenen Werke „Hilfswissenschaften zur Baukunde“ finden sich folgende Angaben:

a) Klinker. Die Abmessungen der Klinker, wie sie in Berlin und Umgegend zur Verwendung kommen, sind 240 . 115 . 35 mm.

Die Chaussee-Klinker, wie sie im Oldenburgischen gefertigt werden, sind in der Form wenig feststehend und haben die mitleren Abmessungen von 220 bis 230 zu 105 bis 115 zu 50 bis 55 mm.

b) Schamottesteine haben verschiedene Formate: 262 bzw. 236 mm lang, 131 bzw. 123 mm breit, bei 65 mm Dicke.

c) Biberschwänze 350 bis 400 mm lang, 140 bis 160 mm breit, 10 bis 20 mm dick. In einigen Gegenden werden diese Platten 420 mm lang und 200 mm breit angefertigt. Größe und Stärke sind dem Material angepaßt. Vielfach gebräuchlich ist das Mittelmaß von 360 zu 150 zu 12 bis 15 mm. Normalformat: 36,5 cm Länge, 15,5 cm Breite, 1,20 cm Dicke.

d) Sogenannte holländische Pfanne. Große Pfannen: 390 mm lang, 260 mm breit, 15 mm stark; kleine Pfannen: 340 mm lang, 240 mm breit.

e) Falzziegel. Die in Norddeutschland am meisten gebräuchlichen (auch die französischen) Falzziegel haben 380 mm Länge und 230 mm Breite; daneben kommen mehrere kleinere Formate vor.

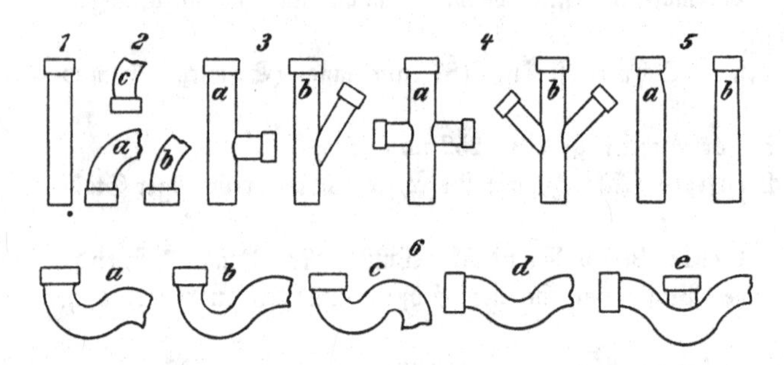

d) Normalien für deutsche glasierte Tonrohre.

Seitens des Vereins deutscher Tonfabrikanten ist eine feste Norm für die Weiten der Rohre vereinbart worden. Die (bis 1 m gehenden) Rohrlängen sind unbestimmt geblieben, dagegen folgende Abmessungen angenommen worden:

50, 75, 100, 125, 150, 175, 200, 225, 250, 275, 300, 350, 400, 450, 500, 600 mm.

Das gerade Rohr (Nr. 1) kommt in allen Dimensionen vor.

Bogenstücke (Nr. 2a, b, c) in den Weiten 100 bis 225 mm.

Ansätze (Nr. 3a und b), doppelte Ansätze (Nr. 4a und b), Übergangsrohre (Nr. 5a und b) und Syphons Nr. 6a bis e desgleichen.

e) Normalien über Kachelöfen.

Seitens des Vereins „Berliner Baumarkt" ist auf Grund seines Marktberichts die Unterscheidung der Güte der Öfen in

„fein weiß" — „weiß" — „halbweiß" — „bunt" usw.

als undurchführbar aufgegeben worden.

An Stelle dieser Bezeichnungen treten

3 Klassen, nämlich: Weiß I., II. und III. Qualität auf.

Bezüglich des Materials wurde festgestellt:

Die Kacheln der äußeren Umkleidung müssen in Ton und in Glasur möglichst gleiches Schwindmaß haben, damit sich keine Haarrisse einstellen. Das Material muß eben durchgeschliffen und darf nicht windschief sein.

Bei der äußeren Erscheinung sind in Betracht zu ziehen:

Farbe, Glanz und Reinheit.

Chemische Bestandteile und Prozesse sind nicht zu berücksichtigen.

Bezüglich des Setzens wurde festgestellt:

1. Sorgfältiges Couleuren;
2. Genaues Behauen und Schleifen der Kachelkanten;
3. Gründliches Abreiben des Materials mit feuchtem Lehm;
4. Genaue Innehaltung der Wage und des Lotes sowie des sachgemäßen Verbandes.

Unterscheidungen der drei Klassen von Öfen.

1. Ein Ofen I. Klasse muß vollständig gleichmäßig in der Farbe sein und darf keine Haarrisse zeigen. Solche Farbenabtönungen, welche gleichmäßig auf allen Kacheln auftreten, sind nicht als fehlerhaft anzusehen, falls Glanz und Reinheit des Materials ein tadelloses ist. Die Fugen müssen durch sorgfältiges Behauen und Schleifen — und zwar ohne Unterwickelung — scharf hergestellt werden, auch müssen dieselben sowohl in wagerechter wie auch lotrechter Richtung gleich breit sein.

2. Ein Ofen II. Klasse kann sich zusammenstellen aus Kacheln der 2. Wahl der I. Klasse oder aus solchem Material, dessen Glasur durch geringeren Zinngehalt eine weniger vorzügliche ist. Die Farbe der Kacheln ist eine möglichst gute, wenn auch nicht ganz gleichartige. Farbenabtönungen die sich gleichmäßig verteilen, sind auch hier gestattet. Der Glanz soll mittelstark sein, farbige Pünktchen sollen die Reinheit nicht zu sehr trüben. Die Fugen müssen möglichst eng und gleichmäßig sein.

3. Ein Ofen III. Klasse ist herzustellen aus einer Auswahl von Kacheln der I. und II. Klasse, kann aber auch aus besonders zubereitetem Material hergestellt werden. Haarrisse dürfen nur in beschränkter Weise

auftreten, ebenso darf die Farbe keine auffallenden Verschiedenheiten zeigen. Farbenabtönungen sind dagegen auch hier statthaft. Der Glanz braucht nur ein matter zu sein. Verunreinigungen dürfen das Material nur hellgrau erscheinen lassen. Beim Setzen sind auch hier die Kanten zu hauen und zu schleifen. Gefordert wird dagegen keine so durchaus genaue Ausführung wie bei den Öfen I. und II. Klasse. Die Breite der Fugen soll eine gleichmäßige sein.

Die Abmessungen der Kacheln und Kachelöfen.

Die gewöhnlichen Ofenkacheln sind 21 zu 24 cm groß. Mit Hilfe derselben läßt sich auf Grund nachfolgender Tabelle eine ganze Reihe von Zusammenstellungen machen.

1	2.			3.		4.
Ofen-Nr.	Ofengröße. Kacheln: 21 cm breit, 24 cm hoch			Berechnung der Heizoberfläche des Ofens		1 qm Heizfläche erwärmt
	breit	tief	hoch		qm	cbm
1	2 1/2	2	6	2 (0,53 + 0,42) 1,59	2,98	10
2	2 1/2	2	8	2 (0,53 + 0,42) 2,05	3,90	10
3	3	2 1/2	8	2 (0 63 + 0,53) 2,05	4,76	11
4	3	2 1/2	9	2 (0,63 + 0,53) 2,29	5,31	12
5	3 1/2	2 1/2	9	2 (0,73 + 0,53) 2,29	5,77	15
6	3 1/2	2 1/2	10	2 (0,83 + 0,53) 2,53	6,37	18
7	4	2 1/2	9	2 (0,83 + 0,53) 2,29	6.23	18
8	4	2 1/2	10	2 (0,83 + 0,53) 2,53	6,88	19
9	4	2 1/2	11	2 (0,83 + 0,53) 2,77	7,53	22
10	4 1/2	2 1/2	9	2 (0,93 + 0,53) 2,29	6,69	20
11	4 1/2	2 1/2	10	2 (0,93 + 0,53) 2,53	7,39	22
12	4 1/2	2 1/2	11	2 (1,04 + 0,53) 2,77	8,09	24
13	5	2 1/2	10	2 (1,04 + 0,53) 2,53	7,94	24
14	5	2 1/2	11	2 (1,04 + 0,53) 2,77	8,70	27
15	5	3	10	2 (1,04 + 0,63) 2,53	8,45	27
16	5	3	11	2 (1,04 + 0,63) 2,77	9,24	30

Die Tabelle enthält gleichzeitig die sich ergebende Heizfläche der bezüglichen Öfen, d. h. diejenige Fläche des Ofens, welche oberhalb des Rostes liegt. Ausgeschlossen sind Sockel, Bekrönung und obere Abdeckung. Die in Spalte 4 der Tabelle verzeichneten Angaben über den Zimmerraum, welcher durch 1 qm Heizfläche eines Kachelofens erwärmt wird, sind annähernde und nehmen überhaupt nur auf den am häufigsten vorkommenden Fall Bezug, daß der betreffende Raum an 3 Seiten eingebaut ist und eine Außenwand hat. Im anderen Falle sind die Zahlen der Spalte 4 zu verkleinern, wie sie im Abschnitt über Heizung, Band IV des vorerwähnten Werkes „Hilfswissenschaften der Baukunde" angegeben sind.

f) Platten und Fliesen aus natürlichem und künstlichem Stein; Schwemmsteine.

a) Marmorplatten: Form quadratisch. Die Seitenlängen wechseln zwischen 20 und 31,50 cm. Sehr gängig ist die Größe 26 zu 26 cm.

b) Schieferfliesen: Form quadratisch. Seitenlängen wie vorstehend.

c) Solnhofer Platten (aus Kalkstein), Abmessungen nach Angabe des Solnhofer Aktienvereins: Form quadratisch, Seitenlängen: 20, 24,30, 26,80, 29,30, 31,60, 32,80, 36,50, 39,50, 43,80, 47,40 58,40 cm, desgl. Malztennen-Format mit 34, 37, 40 cm Seitenlänge.

d) Sandstein-Platten und -Fliesen in verschiedenen Größen der Bearbeitung (Weser-Platten). Die „Administration der Sollinger Sandsteinbrüche in Holzminden a. W." stellt quadratische Platten mit folgenden Seitenlängen her: 20, 22, 24, 26, 29, 34, 41, 50, 58, 65 cm, rechteckige Platten desgleichen von 29 zu 58 und 58 zu 72,5 cm.

Die Firma Wenk in Karlshafen: quadratische Platten von 25, 30, 35, 40, 45, 50, 55, 60 cm.

Die Firma Rothschild in Stadtoldendorf: desgleichen quadratische Platten von 20, 22, 24, 26, 29, 34, 41, 50, 58 cm Seitenlänge, rechteckige desgleichen von 58 zu 72,5 cm.

e) Tonplatten und Fliesen. Mettlacher von Villeroy & Boch: Geriefelte Trottoir-Fliesen 16⅔ zu 16⅔ cm, 3,3 cm stark; Fußbodenfliesen 14,4 cm zu 14,4 cm 2,0 cm stark.

Sinziger aus der Sinziger Mosaikplatten-Fabrik: Quadratische Platten von 17 cm Seitenlänge; achteckige in verschiedenen Größen bis 20 cm breit und hoch.

Saargemünder von Utzschneider & Jaunez. Quadratische mit 16 cm und 20 cm Seitenlänge; achteckige mit 20 cm Breite und Höhe und quadratischen Einsatzstücken von 6,5 cm Seite; — sechseckige, glatt von 10 cm Seitenlänge (17 cm Breite, 20 cm Höhe); — sechseckige, geriefelt von 9,2 cm Seitenlänge (16 cm Breite, 18,5 cm Höhe).

f) Holländische Porzellanplättchen zu Wandbekleidungen, quadratisch mit 13 cm Seitenlänge.

g) Zementplatten und Terrazoplatten. Verschiedene Größen und Formate. Am günstigsten quadratische Form mit 17 cm Seitenlänge.

h) Rheinische Schwemmsteine (Bimssandsteine). Gebräuchlichste Sorte: 25 cm lang, 12 cm breit und 10 cm dick; eine andere Sorte von derselben Grundform, aber 8 cm dick.

g) Normen für hydraulische Bindemittel.

Die für die einheitliche Lieferung und Prüfung von Portland-Zement durch das Zusammenwirken verschiedener deutscher Vereine im Jahre 1877 vereinbarten Normen sind für den Bereich der preußischen Bauverwaltung durch Ministerial-Verfügung vom 10. November 1878 in Geltung gesetzt worden.

Portland-Zement ist ein Erzeugnis, entstanden durch innige Mischung von Kalk und Ton als wesentliche Bestandteile nach bestimmten Verhältnissen, darauf folgendem Brennen bis zur Sinterung und hierauf Zerkleinerung bis zur Mehlfeinheit.

Jedes Erzeugnis, welches auf andere Weise entstanden ist, oder welchem während oder nach dem Brennen fremde Körper beigemengt werden, ist nicht als Portland-Zement zu betrachten. Nach einem Runderlaß des Ministers der öffentl. Arb. vom 16. März 1910 sind die deutschen Normen für einheitliche Lieferung und Prüfung von Portlandzement und von Eisenbetonzement festgestellt worden. Hinsichtlich des Eisenportlandzements ist die Bewährung, namentlich, wenn es sich um Lufterhärtung handelt, mit besonderer Sorgfalt durch Versuche festzustellen. Naturzemente, aus natürlichen Steinen durch einfaches Brennen hergestellte Erzeugnisse dürfen, weil sie mangels inniger Mischung der Bestandteile nicht die erforderliche Gleichmäßigkeit gewährleisten, nicht als Portlandzemente bezeichnet werden.

1. Bei Vergebung größerer Zementlieferungen sollen in Zukunft vor der Zuschlagserteilung nicht nur Proben mit Normalsand und in der Normalmischung 1 : 3 vorgenommen werden, sondern auch mit denjenigen Mischungen und Sandsorten, die beim Bau wirklich verwendet werden sollen. Ein Zusatz bis 2% Gips behufs Feststellung der Abbindezeit ist jedoch gestattet.

2. Je nach der Art der Verwendung ist Portland-Zement langsam- oder schnellbindend zu verlangen. Für die meisten Zwecke kann langsam bindender Zement angewandt werden, und es ist diesem dann wegen der leichteren und zuverlässigeren Verarbeitung und wegen seiner höheren Bindekraft immer der Vorzug zu geben.

Als langsambindend sind solche Zemente zu bezeichnen, welche in $^1/_2$ Stunde oder in längerer Zeit erst abbinden.

3. Portland-Zement soll volumbeständig sein. Als entscheidende Probe soll gelten, daß ein dünner, auf Glas oder Dachziegel ausgegossener Kuchen von reinem Zement, unter Wasser gelegt, auch nach längerer Beobachtungszeit durchaus keine Krümmungen oder Kantenrisse zeigen darf.

4. Portland-Zement soll so fein gemahlen sein, daß eine Probe desselben auf einem Siebe von 900 Maschen für 1 Quadratzentimeter höchstens 20% Rückstand hinterläßt.

5 Die Bindekraft des Portland-Zements soll durch Prüfung einer Mischung von Zement und Sand ermittelt werden. Daneben empfiehlt es sich, zur Kontrolle der gleichmäßigen Beschaffenheit der einzelnen Lieferungen auch die Festigkeit des reinen Zements festzustellen.

In erster Linie soll die Druckprobe maßgebend sein, die Zugprobe, als zur Vorprobe genügend und auf der Baustelle leichter auszuführen, aber daneben beibehalten werden.

6. Guter langsam bindender Zement soll bei der Probe mit drei Gewichtsteilen Normalsand auf ein Gewichtsteil Zement nach 28 Tagen Erhärtung — ein Tag an der Luft und 27 Tage unter Wasser — eine Minimalfestigkeit von 10 kg für 1 Quadratzentimeter haben.

Bei einem bereits geprüften Zement kann die Probe sowohl des reinen Zements als des Zements mit Sandmischung als Kontrolle für die gleichmäßige Güte der Lieferung dienen.

Normalsand wird dadurch gewonnen, daß man einen möglichst reinen Quarzsand wäscht, trocknet, durch ein Sieb von 60 Maschen für 1 Quadratzentimeter siebt, dadurch die gröbsten Teile ausscheidet und aus dem so erhaltenen Sande mittels eines Siebes von 120 Maschen für 1 Quadratzentimeter noch die feinsten Teile entfernt.

Die Probekörper müssen sofort nach Entnahme aus dem Wasser geprüft werden.

Zement, welcher eine höhere Festigkeit als 10 kg (unter 6) zeigt, gestattet in den meisten Fällen einen größeren Sandzusatz und hat, von diesem Gesichtspunkte aus betrachtet, sowie oft schon wegen seiner größeren Festigkeit bei gleichem Sandzusatz, Anrecht auf einen entsprechend höheren Preis.

Bei schnellbindenden Portland-Zementen ist die Zugfestigkeit nach 28 Tagen im allgemeinen eine geringere als die oben angegebene.

Auszug aus den Motiven und Erklärungen zu vorstehenden Normen sowie Beschreibung der Proben zur Ermittelung der Bindekraft.

Erklärungen zu 2. Um die Bindekraft eines Zementes zu ermitteln, rühre man den reinen Zement mit Wasser zu einem steifen Brei an und bilde auf einer Glas- oder Metallplatte einen etwa 1,5 cm dicken, nach den Rändern hin dünn auslaufenden Kuchen. Ist dieser so weit erstarrt, daß er einem leichten Druck mit dem Fingernagel oder Spatel widersteht, so ist der Zement als abgebunden zu betrachten.

Da eine höhere Temperatur das Abbinden des Zementes beschleunigt, eine niedere aber dasselbe verzögert, so sollen die Versuche bei einem mittleren Wärmegrad des Wassers und der Luft von 15 bis 18° C vorgenommen werden. Wo dies nicht angängig ist, müssen die jeweiligen Wärmeverhältnisse berücksichtigt werden.

Langsambindender Zement darf sich während des Abbindens nicht wesentlich erwärmen, wogegen raschbindender Zement eine Wärme-Erhöhung bemerkbar werden läßt.

Erklärungen zu 3. Bei raschbindendem Zement wird der Kuchen nach 1/4 bis 1 Stunde nach dem Anmachen der Probe unter Wasser gebracht. Bei langsambindendem Zement darf dieses, je nach der Bindezeit, erst nach längerer Zeit, bis zu 24 Stunden nach dem Anmachen stattfinden. Etwaige nach den ersten Tagen oder nach längerer Beobachtungszeit an den Kanten des Kuchens sich zeigende Risse oder Krümmungen deuten an, daß der Zement „treibt". Hierdurch aber findet unter Volumen-Vermehrung eine beständige Abnahme der Festigkeit statt, welche bis zu gänzlichem Zerfallen des Zementes führen kann.

Eine weitere Probe zu gleichem Zwecke ist die folgende: Der zu einem steifen Brei mit Wasser angerührte Zement wird als ein nach außen hin dünn auslaufender Kuchen auf ein mit Wasser getränktes, äußerlich wieder abgetrocknetes Dachziegelstück gegossen und mit Berücksichtigung der Bindezeit unter Wasser gelegt. Löst sich der Kuchen nicht vom Stein ab und zeigt er weder Verkrümmungen noch Risse, so wird der Zement beim Bau nicht treiben.

Motive und Erklärungen zu 6. Da verschiedene an und für sich gute Zemente hinsichtlich ihrer Bindekraft zu Sand sehr verschieden sich verhalten, so ist namentlich beim Vergleich mehrerer Zemente eine Prüfung mit hohem Sandzusatz unbedingt erforderlich. Als geeignetes Verhältnis wird angenommen: 3 Gewichtsteile Sand auf 1 Gewichtsteil Zement, da mit 3 Teilen Sand der Grad der Bindefähigkeit bei verschiedenen Zementen in hinreichendem Maße zum Ausdruck gelangt.

Da die Korngröße des Sandes auf die Festigkeits-Resultate von großem Einfluß ist, so ist überall der sogenannte Normalsand anzuwenden.

Alle Probekörper sind nach deren Anfertigung während 24 Stunden an der Luft liegen zu lassen und dann bis zur Prüfung unter Wasser zu legen.

Einige spezielle Angaben über Mörtel-Materialien. (Hilfswissenschaften der Baukunde.) Die Mischung der Mörtel-Materialien erfolgt in der Praxis nach Raumteilen; eine größere Genauigkeit der Mischung (die bei hydraulischem Mörtel von Bedeutung sein kann und für Probeversuche unerläßlich ist) wird bei Benutzung von Gewichtsteilen erzielt. Will man hiervon Gebrauch machen, so können die nachstehenden Angaben über die Beziehungen zwischen Gewicht und Volumen der gangbarsten Mörtel-Materialien benutzt werden.

Portland-Zement hat ein spezifisches Gewicht nicht unter 3,10. Das auf einem Siebe von 900 Maschen für 1 Quadratzentimeter bis 10% Rückstand lassende Pulver wiegt für 1 Hektoliter, lose gelagert, 130 bis 140 kg, fest gelagert 160 bis 175 kg. 1 Faß der Normalpackung mit etwa 1,25 hl Inhalt wiegt 165 bis 170 kg.

Roman-Zement hat ein mit der Herkunft sehr wechselndes spezifisches Gewicht, ist aber immer leichter als Portland-Zement. Er wird nach Tonnen sehr ungleicher Größe, zuweilen auch nach Gewicht gehandelt.

Traß. Das Gewicht des losen Pulvers ist von einer solchen Mehlfeinheit, daß auf dem Siebe von 500 Maschen 40 bis 50% Rückstand bleibt, ist 90 bis 100 kg für 1 hl. Die Beschaffung erfolgt nach Gewicht. Ebenfalls wird der Tuffstein — das Rohmaterial — nach Gewicht gehandelt.

Hydraulischer Kalk wird in gebrannten Stücken nach Gewicht beschafft. 1 cbm Stückenkalk wiegt 750 bis 900 kg, 1 cbm zu Pulver gelöschter Kalk 650 bis 725 kg.

Fettkalk (Luftkalk, Ätzkalk) wird entweder nach Raummaß, häufiger aber nach Gewicht beschafft. 1 „Tonne" Kalk hat 2,2 hl Inhalt; 1 hl wiegt 90 bis 100 kg und liefert:

trocken gelöscht 1,5 bis 1,7 hl Kalkpulver;
naß „ 1,7 „ 2,4 „ Sumpfkalk (Kalkteig),

1 hl Kalkpulver wiegt 80 bis 100 kg, 1 hl Kalkteig wiegt bei 50 % Wasseranteil 140 kg.

1 hl Mörtelsand in einigermaßen trockenem Zustande wiegt bei gemischtem Korn 140 kg.

h) Mörtel- und Beton-Mischungen.

Ergiebigkeit der Mischungen:

1. Kalkmörtel.

1 Teil Kalk und zwei Teile Sand geben höchstens 2,4 Teile Mörtel.
1 cbm Kalkmörtel wiegt 1600—1800 kg
1 „ gelöschter Kalk „ 1300—1400 „

2. Hydraulische Mörtel.

Mörtel aus hydraulischem Kalk				Traßmörtel				Mörtel aus Portland-Zement				
Hydr. Kalk	Sand	Wasser	Mörtel	Traß	Fettkalk	Sand	Mörtel	Zement	Sand	Kalk	Wasser	Mörtel
				Raumteile				Raumteile				
1	1	—	1,50	1	0,5	0,50	1,20	1	—	—	0,45	0,90
1	2	—	2,10	1	0,5	0,75	1,50	1	1	—	0,55	1,50
1	3	—	2,75	1	0,75	0,50	1,30	1	2	—	0,80	2,30
1	4	—	3,50	1	1	1	2,00	1	3	—	1,05	3,10
1	2	1,05	2,35	1	1	2	3,10	1	4	—	1,30	3,80
Portlandzement				1	2	3	4,30	1	5	0,5	1,30	4,90
1	0,70	0,65	1,40	1	2	6	7,50	1	0,7	0,85	—	1,60
				Hydr. Kalk		Wasser		1	6	1,0	1,35	6,00
				1	1	1	2,20	1	7	1,0	1,60	6,80
								1	8	1,5	1,50	7,70
								1	10	2,0	1,70	9,40

3. Beton.

Nachstehende Mischungen eignen sich teils für trockene, teils für nasse Betonierung. Letztere bedarf eines höheren Mörtelanteils.

Bei der trockenen Betonierung wird der erforderliche Mörtelanteil dadurch bestimmt, daß man den Gesamthohlraum, den der Steinschlag usw. enthält, (von 0,3 bis 0,5 betragend), genau ermittelt. Dieser Hohlraum, mit einem geringen Zuschlag für schwache Umhüllung der Stein- und Kiesstücke, bildet den erforderlichen Mörtelanteil. Derselbe ist geringer, wenn in dem Steinschlag (Kies usw.) möglichst alle Korngrößen zwischen 5 und 50 mm Durchmesser vertreten sind, weil dann die Hohlräume verkleinert werden. Beton von so gemischtem Korn verträgt zudem einen höheren Sandzusatz zum Mörtel.

Bei Beton, welcher eingestampft wird, ist der erforderliche Mörtelanteil kleiner als bei nur geschüttetem Beton.

Hydraul. Kalk	Traß	Portland-Zement	Fettkalk	Sand	Kies	Steinschlag	Ziegelschlag	Betonmenge angemacht	Betonmenge eingestampft
Raumteile					Raumteile			Raumteile	
1	1 33	—	—	0,65	—	4,2	—	5,0	—
1	—	1,2	—	0,80	0,85	1,30	—	3,7	3,5
1	—	0,65	—	0,70	0,60	1,80	—	2 8	—
—	1	—	—	1	0,80	—	2,50	—	4,4
—	1	—	0,75	2	—	6	—	—	—
—	1	—	0,45	0,50	—	3,25	—	4,0	—
—	—	1	—	3	—	5	—	—	—
—	—	1	—	3	—	6	—	—	—
—	—	1	—	2	—	7	—	—	—
—	—	1	—	2	—	13	—	—	—
—	—	1	—	6	—	5	—	—	—
—	—	1	—	2,4	—	4,6	—	5,50	—

Portland-Zement	Fettkalk-Sand	Sand	Kies	Steinschlag	Ziegelschlag	Betonmenge angemacht	Betonmenge eingestampft
Raumteile			Raumteile			Raumteile	
1	—	2	—	—	4,75	6,0	—
1	—	3	—	—	7	9,0	—
1	—	2,75	—	3,75	—	5,5	—
1	—	2,85	—	3,65	—	6 5	—
1	—	1	2	—	—	2,8	—
1	—	2	3	—	—	4,0	—
1	—	2	4	—	—	—	4,4
1	—	3	6	—	—	—	6,6
1	—	4	8	—	—	—	8,8
1	—	5	10	—	—	—	11,2
1	—	6	12	—	—	—	13,4

i) Handelsformate rechteckiger und sonstiger Schablonen-Schiefer.

Englische Schiefer (die gangbarsten Formate sind in den ersten 9 Spalt. angegeben)	Zoll engl.	26/16	26/15	24/14	24/12	22/12	22/11	20/10	18/10	18/9	16/10	16/9
	cm	66/41	66/38	61/36	61/31	55/31	56/28	51/25	46/25	46/23	41/25	41/23
	Zoll engl.	16/8	14/12	10/14	14/8	14/7	13/10	13/7	12/8	12/6	11/55	10/8
	cm	41/20	36/31	36/25	36/20	36/18	33/25	33/18	31/20	31/15	28/14	25/10
Blaue französische und desgl. grüne Rimogner	Zoll engl.	24/14	24/12	22/12	20/10	18/10	18/9	16/10	16/8	14/10	14/8	14/7
	cm	60/36	60/30	55/30	50/25	46/25	46/23	40/25	40/20	36/25	36/20	36/18
	Zoll engl.	12/7	12/6	10¼/7	—	—	—	—	—	—	—	—
	cm	30/18	30/15	26/18	—	—	—	—	—	—	—	—
Rote und violettrote (St. Anne Fumay)	Zoll engl.	24/12	20/11	20/10	18/10	18/9	16/10	16/8	14/10	14/8	14/7	13/7
	cm	60/30	50/28	50/25	46/25	40/23	40/25	40/20	36/25	36/20	36/18	33/18
Deutsche Schiefer	Zoll engl.	24/14	24/12	22/12	22/11	20/10	18/10	18/9	16/10	16/9	16/8	14/8
	cm	61/36	61/31	56/31	56/28	51/25	46/25	46/23	41/25	41/23	41/20	36/31
	Zoll engl.	14/7	13/7	13/6	12/8	12/6	10/7	10/6	10/5	—	—	—
	cm	36/18	33/18	33/15	31/15	31/15	25/18	25/15	25/13	—	—	—

Deutsche Schiefer, Schuppenform.

Dachschieferzeche „Kreuzberg und Wilhelmsberg" bei Caub am Rhein.

Die einzelnen unbehauenen Platten werden senkrecht nebeneinander gestellt und nach laufenden Metern verkauft.

Je nach der Größe der Platten teilt man diese ein in: Halbe, Viertel, Achtel, Zwölftel und Sechzehntel.

3 m = 1 Reis = 10 Fuß nassauisch.

Gattung	Gewicht für 1 m		Durchschnittliche Stückzahl für 1 m	Ungefähre Deckungsfläche für 1 m in Quadratmetern
	Roh etwa kg	Nach deutscher Art behauen etwa kg		
1/2	265	220	140	9,50
1/4	185	155	145	6,50
1/8	135	115	135	4,50
1/12	90	75	150	2,50
1/16	65	50	160	1,50

Schieferbaugesellschaft Mayer & Co. zu Caub am Rhein.

Gattung	Gewicht für 1 m		Durchschnittliche Stückzahl für 1 m	Ungefähre Deckungsfläche für 1 m in Quadratmetern bei 1/3 Überdeckung
	Roh etwa kg	Deutsch behauen etwa kg		
		I. Sorte.		
1/2	250	200	126	9 bis 10
1/4	166	135	136	6
		II. Sorte.		
1/8	116	83	140	3,30
1/12	83	66	150	1,65

Fregesche Werke, A. E. Merten (Gräfenthal in Thüringen).

Abgesehen vom Schuppenschiefer werden geliefert:

A. Normal-Schablonenschiefer nach sechseckiger Form mit rechten Winkeln an Kopf und Fuß und langen Abschnitten.

B. Normal-Schablonenschiefer mit kurzen Abschnitten, sonst wie vorstehend.

C. Schablonenschiefer nach sechseckiger Form mit spitzen Winkeln.

D. Schablonenschiefer nach fünfeckiger Form für deutsche Deckungsweise.

E. Schablonenschiefer nach rechteckiger Form.

F. Ortsteine.

A. Normal-Schablonenschiefer
nach sechseckiger Form mit rechten Winkeln an Kopf und Fuß und langen Abschnitten.

Sorte	Diagonale Länge und Breite	Abschnitt	Ungefähre Stückzahl für 10 qm	1000 Stück	
	Zentimeter			decken qm	wiegen Zentner
NN. I	66,0 × 52,0	14,10	75	134	73
„ II	61,2 × 47,4		90	110	58,7
„ III	56,5 × 42,5		110	90	48
„ IV	51,5 × 38,0		140	71	38,3
„ V	47,5 × 33,3		184	54	30,4
„ VI	42,5 × 28,5		250	40	23,3
„ VII	37,7 × 23,5		360	27	18,3
„ VIII	33,0 × 18,3		566	17	11,7
„ IX	30,8 × 16,5		737	13	10,8
„ X	28,3 × 17,8		1000	10	8,7

Hierzu gehörig Randsteine und Kantensteine.

k) Handelsnormen für Glas.

(Nach den „Hilfswissenschaften zur Baukunde".)

1. Tafelglas.

Das Tafelglas zerfällt seiner Qualität nach in 4 „Wahlen", von denen die erste ihres hohen Preises wegen nur ausnahmsweise zur Verwendung gelangt. Bei besseren Bauten wird Glas der zweiten und dritten Wahl, bei geringeren die vierte Wahl verarbeitet.

Mit bezug auf die Stärke ist zu unterscheiden: 4/4, 6/4 und 8/4 Glas. Diesen Bezeichnungen entsprechen die Stärken von bezüglich etwa 2, 3 und 4 mm nebst Gewichten von bezüglich etwa 5, 7,5 und 10 kg für 1 qm.

Die am wenigsten reinen, aus dem 8/4 Glas ausgeschiedenen Tafeln werden für Oberlichtverglasung und ähnliche Zwecke verwendet und tragen die Bezeichnung Doppelglas.

Früher kam das Glas durchgängig nach „Bunden" und „Kisten" in den Handel — ein „Bund" enthält 21 bis 24 Scheiben verschiedener Größen; — eine „Kiste" enthält 20 qm Glas; — 1/2 Kiste etwa 10 qm; in neuerer Zeit bürgert sich immer mehr der Handel nach Quadratmetern ein.

Die Preisbestimmung erfolgt nicht nach der Größe der Tafeln, sondern nach sogenannten „addierten Zentimetern". So rechnet z. B. eine Tafel von 40 und 60 cm Seitenlängen, welche 100 addierte Zentimeter ergibt, im

Tabelle über die Größen der Spiegelglas-Tafeln.

cm	qm	cm	qm	cm	qm	cm	qm	cm	qm	cm	qm	cm	qm	cm	qm
6×18	0,011	9×18	0,017	12×18	0,022	15×18	0,027	18×18	0,032	21×21	0,044	24×24	0,058	27×27	0,073
6×21	0,013	9×21	0,019	12×21	0,025	15×21	0,032	18×21	0,038	21×24	0,050	24×27	0,065	–	–
6×24	0,014	9×24	0,022	12×24	0,029	15×24	0,036	18×24	0,043	21×27	0,057	–	–	–	–
6×27	0,018	9×27	0,024	12×27	0,032	15×27	0,041	18×27	0,049	–	–	–	–	–	–
186×318	5,91	189×318	6,01	192×318	6,11	195×318	6,20	198×319	6,30	201×318	6,39	–	–	204×318	6,49
186×321	5,97	189×321	6,07	192×321	6,16	195×321	6,26	198×321	6,36	201×321	6,45	–	–	204×321	6,55
186×324	6,03	189×324	6,12	192×324	6,22	195×324	6,32	198×324	6,42	201×324	6,51	–	–	202×324	6,40

Preise ebenso wie eine Tafel von 36 und 64 cm Seitenlängen. Hierbei aber ist zu beachten, daß bei der Berechnung nach addierten Zentimetern für die in ungeraden Zahlen gegebenen Seitenlängen die nächsthöhere gerade Zahl angesetzt wird; z. B. werden 35 und 47 cm gerechnet wie 36 und 48 cm = 84 addierte Zentimeter.

In den Tarifen beziehen sich die Preissätze auf $^4/_4$ Glas. — $^6/_4$ Glas ist etwa 50 %, $^8/_4$ Glas etwa 100 % teurer als ersteres.

2. Spiegelglas (Rohglas).

Gewöhnlich wird Spiegelglas in drei Qualitäten gefertigt. Die beiden ersten werden durch Schleifen und Polieren zum eigentlichen Spiegelglase verarbeitet, während die dritte, unbearbeitete, als „Rohglas" zu Bauzwecken dient.

Die übliche Stärke des Rohglases — welches sowohl glatt oder geriefelt als auch mattiert hergestellt wird — ist je nach der Größe der Tafeln 5 bis 15 mm; für besondere Zwecke kommen auch Stärken von 20 bis 25 mm vor.

Mehrere größere Fabriken haben sich zu einem Ring verbunden (Aachener Spiegelmanufaktur, Stolberg bei Aachen, Schalke in Westfalen, Freden in Hannover, Altwasser in Schlesien, Fürth in Bayern usw.) und halten gemeinsame Preise fest.

Die Größe der Tafeln, wie dieselben als gangbare Ware erzeugt werden, beginnt bei 6 cm Breite und 18 cm Höhe = 0,011 qm und wächst, indem sowohl die Breiten- als auch die Längendimension regelmäßig um je 3 cm zunimmt, auf 204 cm Breite bei 324 cm Höhe = rund 6,60 qm.

Es weisen daher die Anfangs- und Endteile der Tabelle folgende Tafelgrößen auf: (Siehe Seite 53).

Tafeln von mehr als 16 qm Größe werden auf besondere Bestellung angefertigt. Es sind bereits Tafeln 5 × 5 = 25 qm Größe und darüber angefertigt worden.

Bezüglich der Preise siehe den sich hierauf beziehenden Abschnitt.

l) Bauhölzer.

Normen über unbearbeitete Hölzer.

Auf Antrag des Innungsverbandes deutscher Baugewerksmeister sind Anfang August 1898 vom Preußischen Minister für öffentliche Arbeiten und zugleich von den obersten Reichsbehörden Normalprofile für Kanthölzer und Schnittmaterial (Bretter, Bohlen, Pfosten, Latten) festgesetzt und deren Beachtung bei Aufstellung von Kostenanschlägen vorgeschrieben.

Tabelle für Normalprofile der Bauhölzer in Zentimetern.

8	10	12	14	16	18	20	22	24	26	28	30
8/8	8/10	10/12	10/14	12/16	14/18	14/20	16/22	18/24	20/26	22/28	24/30
	10/10	12/12	12/14	14/16	16/18	16/20	18/22	20/24	24/26	26/28	28/30
			14/14	16/16	18/18	18/20	20/22	24/24	26/26	28/28	
						20/20					

Halb- und Kreuzhölzer sind durch Teilung der gegebenen Stärken herzustellen.

Tabelle für Schnittmaterial (Bretter, Bohlen, Pfosten, Latten).

In Längen von 3,50; 4; 4,50; 5; 5,50; 6; 7 und 8 m

In Stärken von 15; 20; 25; 30; 35; 40; 45; 50; 60; 70; 80; 90; 100; 120 und 150 mm.

Besäumte Bretter in Breiten von Zentimeter zu Zentimeter steigend.

8. Die Baupreise.

Die Baupreise sind den Schwankungen unterworfen. Arbeitslöhne und Transportmittel beeinflussen dieselben derart, daß sich allgemein maßgebende Preise nicht aufstellen lassen. Für die praktische Bauausführung werden stets die ortsüblichen und zeitgemäßen Preise zu ermitteln sein.

Als Stundenlohnsätze sind nach Berliner Preisen unter Berücksichtigung der Unkosten für Unfall-, Invaliditäts- und Altersversicherung sowie der Krankenkassenbeiträge anzunehmen für einen Erdarbeiter 0,65—0,70 M., für einen Arbeiter 0,55—0,65 M., für einen Zimmermann 0,90—1,00 M., für einen Maurergesellen 0,90—1,00 M., für einen Putzer 1,25—1,30 M., für einen Maurerpolier 1,30—1,40 M., desgl. für einen Zimmerpolier.

A. Arbeitspreise.

a) Maurerarbeiten.

	M
1 cbm leichte Erde auszuheben und bis auf etwa 50 m zu verkarren, einschl. Vorhaltung der Karren und Karrdielen, durchschn. 1 m tief	1,25—1,50
1 „ für jedes Meter Mehrtiefe	0,50
1 Fuhre (etwa 2 cbm Erde oder Sand) abzufahren	2,50—3
1 Fuhre Bauschutt aufladen und abfahren	6
1 cbm Fundament- und Kellermauerwerk aus Ziegeln oder aus Bruchsteinen aufzuführen	5—6
1 „ Ziegelmauerwerk des Erdgeschosses.	6—6,50
1 „ desgl. für jedes Stockwerk höher eine Zulage von	0,80—1,20
1 qm Verblendung des Mauerwerks mit besseren Steinen, Zulage	1—1,80
1 „ nachträgliche Verblendung desgl. für Bandverzahnung . . .	2,50—5
1 „ Fachwand, 1/2 Stein stark auszumauern.	1—1,30
1 „ desgl. zum Ausfugen bestimmt.	1,40—1,50
1 „ desgl., 1/2 Stein auszumauern und 1/2 Stein zu verblenden	2,10—2,30
1 m russisches Rohr im Mauerwerk auszusparen	0,35
1 „ freistehendes russisches Rohr im Dachraum und oberhalb des Daches aufzuführen.	2,30—2,80
1 „ freistehenden Schornstein mit 2 oder mehr russischen Rohren	1,50—2
1 „ Steigerohr im und über Dach	5—5,80

	M.
1 qm Tonnengewölbe, 1/2 Stein stark, in der Ebene gemessen, einschl. Hintermauerung und der Ein- und Ausrüstung	3,60—4,20
1 „ desgl., 1 Stein stark, sonst wie vorstehend	5—6,10
1 „ Kreuzgewölbe mit 1/2 Stein starken Kappen und 1 Stein starken Graten, sonst wie vorstehend	5—8
1 „ Kappengewölbe zwischen eisernen Trägern oder Gurtbogen, in der Ebene gemessen, einschl. der Hintermauerung sowie Ein- und Ausrüstung	2—2,50
1 „ desgl., 1 Stein stark	3,50—4
1 „ desgl. 1/4 Stein stark, sonst wie vorstehend	1,60—2,20
1 „ böhmisches Gewölbe, 1/2 Stein stark	4,50—5,60
1 „ Gewölbe aus Verblendsteinen, Zulage	1,60—2,50
1 „ Ziegelsteinpflaster, auf der flachen Seite in Sand gelegt, einschl. Herstellung der Sandbettung, die Fugen vergossen	0,75—0,80
1 „ desgl. in Mörtel gelegt	1—1,20
1 „ hochkantiges Ziegelsteinpflaster, in Mörtel gelegt, einschließlich Herstellung des Planums	1,40—1,50
1 m Treppenstufe, in Flach- und Rollschicht gemauert, die Vorderansichten geputzt	2,40—3
1 qm Mauerwerk auszufugen, in Kalkmörtel	0,75—0,90
1 „ „ „ „ Zementmörtel, Zulage	0,15
1 „ Rapp-Putz anzufertigen	0,35—0,40
1 „ glatten Putz auf massiven Wänden	0,50—0,60
1 „ desgl. auf Fachwänden einschl. der Anlieferung von Draht, Rohr, Nägeln und Gips	0,80—0,90
1 „ Decken- und Schalwandputz einschl. der Anlieferung von Draht usw. bei einfacher Berohrung	1—1,20
1 „ desgl., aber bei doppelter Berohrung	1,30—1,60
1 „ Putz, fein aufzuziehen und abzufilzen als Zulage	0,40—0,50
1 „ Fassadenputz, glatt	1—1,50
1 „ desgl., mit Nuten versehen	1,30—1,60
1 „ desgl., Rauhputz	1,50—1,75
1 „ Nachbessern des Putzes einschl. des Verputzens der Fußbodenleisten, Türbekleidungen usw.	0,15—0,20
1 m Granit- oder Sandsteinschwelle und Freitreppenstufen mit Hilfe des Steinmetzen zu versetzen	2,50—2,80
1 qm Sandsteinfassade mit Hilfe des Steinmetzen zu verblenden und die Steine mit hydr. Kalk zu vergießen	4—5
1 „ Mettlacher oder andere Fliesen in Zementmörtel verlegen .	1,50—2
1 Tonne Zement im Mauerwerk verarbeitet, Zulage	2,60
1 Tonne Zement für Bogen und Gewölbe verarbeitet, Zulage . .	2,75
1 einfaches Fenster einsetzen: für 1 Stück aufgenageltes Bankeisen	0,50
1 einfaches Fenster einsetzen: für 1 Stück eingelassenes Bankeisen.	0,70

	M.
1 Doppelfenster einsetzen und vermauern, für jede Steinschraube	0,70—0,80
1 Latteibrett einsetzen	0,80—1,10
1 Reinigungstür einsetzen	1,40
Für Vorhaltung der Geräte und Rüstungen sowie für deren An- und Abfuhr . . . . 4—5 % des Arbeitslohnes	
1 qm Rabitzwand 4,5—5 cm stark	3,30—4,50

Arbeiten einschl. Materiallieferung.

(Nach dem Kalender der Baugewerkszeitung.)

1 qm Eisenbeton- oder Eisensteindecke von 1,50 m Spannweite und 250 kg/qm Nutzlast	4,25
1 „ bei 500 kg/qm Nutzlast	4,50
1 „ Plattenbalkendecken mit Trägern aus Eisenbeton für Wohn-, Geschäfts- und Fabrikgebäude	8,50—10,50 bis 12,—

b) Pisee- und Betonarbeiten.

1 qm Betonfußboden, 12 cm stark, mit 2 cm starkem Zement-Estrich	2,50
1 „ Gipsdielenwände, 5 cm stark, beiderseitig geputzt	3,50
1 cbm Stampfbetonfundament (1 Teil Zement, 10 Teile Kies), 15 cm stark, einschl. Abgleichen und Vorhaltung der Geräte	21,50
1 „ desgl.: 1 Teil Zement, 3 Teile Ziegelkleinschlag, 15—25 cm stark	19,50
1 „ Kalksandpisee erfordert 13 Stunden eines Tagelöhners für Mörtelbereitung und Einstampfen. Hierzu 15 % für Beaufsichtigung durch den Maurerpolier sowie Vorhalten der Geräte und Gerüste einschl. der Stampfkästen.	

c) Maurermaterialien.

Die Preise für Maurermaterialien, namentlich diejenigen für Ziegelsteine, sind den Schwankungen bedeutend unterworfen. Die nachfolgenden Durchschnittspreise sind in Berlin in den letzten Jahren üblich gewesen.

1000 gewöhnliche Hintermauerungssteine, Normalformat, frei Ufer oder Bahnhof	23—27
1000 gewöhnliche Klinker (II. Qualität)	28—32
1000 bessere desgl. (I. Qualität)	34—36
1 cbm Bau-Kalksteine	7—8
1 hl gelöschter Kalk, frei Baustelle	1,60—1,80
1 Tonne Portland-Zement (180 kg Brutto, 120 l)	6—7,50
75 kg Gips	1,50—1,80
1 Ring Putzdraht Nr. 23	0,80—1

	M.
1 Bund Rohr zu 60 Stengeln	0,15—0,20
1000 einfache Rohrnägel	0,40—0,50
1 qm Putzrohrgewebe in Rollen, jede 20 m, frei Lager	0,18—0,20
1 cbm Töpferlehm	7—8
1 „ humusfreier Sand frei Baustelle	3,20—3,80

d) Massivdecken.

(Nach dem Kalender der Baugewerkszeitung.)

Steindecken „Patent Klein".

Bei 250 kg Nutzlast pro Quadratmeter für Wohngebäude, 10 cm stark, aus Lochsteinen, einschl. aller Materialien, je nach Umfang der Arbeit und Größe der Spannweite, für 1 qm	4,60—5,80
Bei 250 kg Nutzlast und Stellziegeln, 12 cm stark, sonst wie vor, für 1 Quadratmeter	5,50—7,20

Eisenbetondecken.

(Umfang der Arbeit bei 200 und 1000 qm.)

1 qm Eisenbetondecke auf Eisenträgern für Wohnhäuser, Geschäftshäuser und Fabriken, mit 500—900 kg Eigengewicht nebst Nutzlast einschl. Material, aber ohne Füllmaterial, Dielung und Putz usw. bei:

6 cm	Stärke	4,30—4,50 M.	14 cm	Stärke	7,35— 7,50 M.
8 „	„	4,85—5,15 „	16 „	„	8,20— 8,70 „
10 „	„	5,60—6 „	18 „	„	9,15— 9,60 „
12 „	„	6,50—6,90 „	20 „	„	9,90—10,50 „

Als Zuschläge:

Für Trägerummantelungen für 1 Quadratmeter	0,15—0,20
1 qm Schlackenausfüllung	0,10
1 „ 2,5 cm starker Estrich	0,35—0,50
1 „ Schlackenbeton	0,15

e) Asphaltarbeiten.

1 qm Isolierschicht von gegossenem Asphalt, 1 cm stark	1,30—1,40
1 „ desgl. von Asphaltfilz, 8 mm stark	1,60—1,70
1 „ Estrich auf Unterpflaster, 2 cm stark	2,30—2,60
1 „ desgl., 2,5 cm stark	2,80—3
1 „ „ 3 „ „	3 —3,30
1 „ Goudronanstrich (ein- bis zweimal)	0,70—0,95
1 „ Putzfläche mit heißem Asphaltteer zu streichen (ein- bis zweimal)	1,30—1,70

f) Steinmetzarbeiten.

Sandsteinarbeiten.

		M.
1 cbm	sächsischer, schlesischer, hannoverscher, Thüringer Sandstein in rechtwinklig bossierten Blöcken bis zu 1,5 cbm Inhalt, frei Werk- bzw. Bauplatz	85—120
1 qm	fein zu scharrieren	6—6,50
1 „	sauber zu schleifen	6,50
1 m	Treppenstufen, zweiseitig scharriert, im übrigen gespitzt	8—10
1 „	desgl., zweiseitig geschliffen, wie vor	10—12
1 „	Auflagerfalz als Zulage	2—2,50
1 „	Platte mit Hohlkehle	2—2,50
1 „	Rundstab, Platte und Hohlkehle	3—3,50
Wendelstufen sind 6—10 % teurer als gerade Stufen.		
1 qm	Podest, Oberlager scharriert, Unterlager gespitzt	25—27
1 „	desgl., Oberlager geschliffen, Unterlager gespitzt	26—28
1 „	glatte Quaderung, im Mittel 18 cm stark, in Längen bis zu 150 m	30—36
1 „	Quaderung mit abgefasten Kanten, vortretendem Spiegel und Randschlag, im Mittel 25 cm stark, in Längen bis zu 1,00 m	42—56
1 m	Sockelgesims, 15 cm breit, 25 cm hoch, mit einfacher Abfasung	9—11
1 „	desgl., 20 cm breit, 30 cm hoch, mit einfachem Profil	12—14
1 „	desgl., 25 cm breit, 45 cm hoch, mit reicherem Profil	20—28
1 „	Tür- und Fenstereinfassung, 18 cm breit, 10 cm tief, mit Platte und Hohlkehle	10—12
1 „	Band- bzw. Gurtsims, 15 cm hoch, 20 cm breit, mit einfachem Profil	10—12
	Runde Flächen und Profile das 1½ fache.	

Bei den vorstehenden Preisen ist Transport, Heranschaffen und Versetzen mit Hilfe des Maurers, Vorhalten der Werkzeuge, Geräte und Hebezeuge eingeschlossen, Rüstung ausgeschlossen.

Granitarbeiten.

		M.
1 m	Granitbortschwellen und Stufen zweiseitig, gewöhnl. gestockt	7—9
1 „	Stufen, vierseitig, mittelgut gestockt, ohne Profil	13—17
1 „	Profil der Stufen als Zulage	3—6
1 qm	Granit-Trottoirplatten	10—13
1 „	Granitplatten, im Oberlager mittelgut gestockt	17—24
1 „	Treppenpodest-Platten, zweiseitig wie vor bearbeitet	28—54

	M.
Granit in Quadern und Werkstücken.	
1 cbm einfach profiliert, mittelgut gestockt bearbeitet	180—240
1 „ desgl. in reicherer Profilierung	250—330
1 „ desgl. in feinerer Bearbeitung	330—640
1 „ desgl. geschliffen	640—1150
1 „ desgl. poliert	1150—2700

g) Steinsetzerarbeiten.

Stundenlohn für 1 Polier 1,25, 1 Gesellen 1,10, 1 Rammer 0,75, Arbeiter 0,60, 1 Steinschläger 0,90, 1 Steinmetz 1,25 M. (Überstunden von 6—9 Uhr 25 %, Nachtarbeit von 9—7 Uhr und Sonntagsarbeit 50 % Zuschlag.)

1 qm Feldsteinpflaster, einschl. Material	3
1 „ Dauerpflaster von gewöhnlichen runden Steinen umpflastern	1,30—1,60
1 „ neu pflastern, einschl. Material	4,60—5,80
1 „ aus Quadratsteinen einschl. Material	10—17
1 „ Mosaikpflaster einschl. Material	7—20
1 „ Granitplatten zu legen durch den Steinmetz einschl. Material	14—19
1 m Bortschwellen aus Granit zu liefern und zu legen	10—15
1 „ Bortschwellen zu vermauern, 4 Schichten hoch in Zement, einschl. Verlegen der Schwellen	3
1 qm Pflaster aus 13 cm hohen Holzklötzen, einschl. einer 18 cm hohen Betonschicht mit allem Material.	16,50
1 cbm Kies zu liefern und anzufahren	5,50—8

h) Zimmerarbeiten.

a) Arbeitslohn.

1 m Balken, Ganz- oder Halbholzbalken zuzurichten, aufzubringen und zu verlegen.	0,55—0,60
1 „ Mauerlatten desgl.	0,40
1 „ Fachwerkshölzer desgl.	0,60—0,90
1 „ Hölzer des Dachverbandes zuzurichten, abzubinden und aufzustellen, je nach der Dachkonstruktion	0,65—0,85
1 „ Hölzer der Hänge- und Sprengewerke desgl.	0,90—1,10
Überlagsbohlen und Dübel für eine Tür, einschließlich der Materiallieferung für:	
1 einflüglige Tür in einer 25 cm starken Wand	3
1 desgl. in 38 cm starker Wand	3,60
1 „ „ 51 „ „ „	4,50
1 „ Holz an zwei Seiten mit Abfasung zu versehen	0,25

		M.
1 qm	Holzfläche zu hobeln	0,40—0,65
1 „	2 cm starke Deckenschalung, besäumt zu fertigen, einschl. aller Materialien und der Rüstung	1,10—1,25
1 „	desgl. 2,6 cm stark, sonst wie vorstehend	1,80—2,10
1 „	„ 2,6 „ „ gehobelt und gestäbt	3,50
1 „	„ zu spunden, eine Zulage von	0,50
1 „	gehobelter und gespundeter Fußboden, 2,6 cm stark, je nach der Reinheit der Bretter	3,50—4
1 „	desgl. 3,2 cm stark	4,25—4,60
1 „	Lattenwand aus rauhen Dachlatten, mit Zwischenräumen von 4 cm einschl. der Türen, Leisten usw.	2,40
1 m	gekehlte Fußleisten, 3,5 cm stark, 5—6,5 cm hoch	0,40—0,50
1 „	desgl. 13 cm hoch, 4 cm stark	0,90—1
1 qm	Blindboden, 2,6 cm stark	2—2,80
1 „	Riemenfußboden, 3,2 cm stark, gehobelt und gespundet, astfrei	6,50—6,75
1 „	desgl. aus mittelguten Brettern	5,80—6
1 „	Stufe einer gemauerten Treppe mit gehobeltem und profiliertem, 5 cm starkem Stufenbelag zu belegen, einschl. der Wand-, Spiegel- und Kropfleisten bei einer Breite von 1 m, einschl. der Wangenstücke oder Dübel	6,60—7,80
	Für je 10 cm Breite mehr eine Zulage von	0,55
1 „	desgl. einer 1 m breiten eingelochten Treppe mit gekehltem Handgriff, gedrehten kiefernen Spindeln nud Traillen, die Treppe einfach und gerade, mit 5 cm starken Tritt- und 2,5 cm starken Setzstufen sowie 6,5 cm starken Wangen bei 1 m Breite	14—17,50
	Für je 10 cm mehr an Breite eine Zulage von	1
1 m	desgl. einer aufgesattelten Treppe einschl. der Spiegel-, Wand- und Kropfleisten	18—20
	Podeste nach Quadratmetern oder gleich zweier Steigungen, Wendelstufen $^1/_4$—$^1/_6$ mehr als gerade Stufen.	
1 „	Treppengeländer mit gekehltem, eisenem Handgriff und gedrehten, polierten eisenen Spindeln und Traillen anzufertigen und aufzustellen einschl. aller Nebenarbeiten	16—20
1 „	Rüsthölzer zu verbinden und aufzustellen einschl. Bolzen	0,40—0,50

b) Zimmermaterialien.

(Nach den Preisen des Kalenders der Baugewerkszeitung.)

		Längen bis 6 m	Längen bis 8 m
		M.	M.
1 cbm	einstieliges geschnittenes Kiefernholz, 8/8—13/16 cm stark	52	54
1 „	Kreuzholz, 8/8—13/13 cm stark	66	70
1 „	Ganz- und Halbholz 13/21—21/26 cm stark	63	66

	Länge bis 6 m	Länge bis 8 m
	I. Kl.	II Kl.
1 qm kieferne rauhe Bohlen, 5,2 cm stark	6,50	4,50
1 „ „ „ „ 6,5 „ „	8	5,50
1 „ „ „ „ 8 „ „	10	6,50
1 „ „ „ Bretter, 3,3 „ „	4	2,50
1 „ „ „ „ 2,6 „ „	3	1,80
1 „ „ „ „ 2,0 „ „	2,50	1,25
1 „ gehobelte und gespundete Fußbodenbretter, 2,6 cm	3,80	
1 „ desgl., 3,2 cm	5	

	Breite in cm 5	6 5	8	10	13
1 m gehobelte und profilierte 2,5 cm starke Scheuerleiste	0,25	0,30	0,35	0,45	0,60

1 m Dachlatten	0,26
1 qm Holzflächenanstrich mit Karbolineum, einschl. Material und Vorhalten des Pinsels	0,50
1 l Karbolineum zu liefern, einschl. Vorhalten der Gefäße	0,35

	Länge in cm 4	5	6 5	8	9	10
100 Drahtnägel	0,10	0,18	0,25	0,32	0,38	0,45

i) Stakerarbeiten.

	M.
1 Geselle einschl. Vorhalten des Handwerkszeuges für 1 Stunde	0,80
1 Arbeiter für 1 Stunde	0,65
1 qm Balkendecke aus borkefreien Schalen zu staken, mit Lehmstroh zu überziehen und mit trockenem Sande, naturfeuchtem Lehm oder Koksasche (14 cm hoch) auszufüllen	1—1,30
1 „ desgl. mit Klobenholz zu staken einschl. des Strohlehms und der Sandfüllung	1,50—1,75
1 „ Kreuzstakung, eine Zulage von	0,20—0,30
1 „ halber Windelboden von gespaltenen Kloben mit Strohlehm und Lehmausfüllung	1,50—1,60

k) Schmiede- und Eisenarbeiten.

Anker und Bolzen.

1 kg Kleineisenzeug, Balken- oder Zuganker sowie Bogenanker	0,35—0,40
1 „ Schraubenbolzen	0,60—0,75

	M.
Guß- und Walzeisen (Baukalender).	
Die Preise für Guß- und Walzeisen sind in besonderem Grade den Schwankungen unterworfen.	
100 kg gußeiserne Säulen, glatt, ohne Modellkosten	26
100 „ „ „ kanneliert und verziert, ausschl. der Modellkosten	28
100 „ Balken und Pfeiler desgl.	23
100 „ Unterlagsplatten	20,50
100 „ alte Eisenbahnschienen	10
100 „ Fenstereisen	25
100 „ gewalzte T- und L-Träger	22,50
100 „ „ [-Träger	23
100 „ „ I desgl. bis 8 m lang und 40 cm hoch	19,50—20,50
100 „ „ Träger, desgl. über 8 m Länge mehr	1
100 „ genietete Träger, bis 6 m lang und 30 cm hoch	36
100 „ desgl. für jedes Zentimeter Mehrhöhe	1
100 „ desgl. für jedes Meter Länge über 6 m	1
1 qm Tür mit Winkeleisenrahmen, auf beiden Seiten mit 1 mm starken Eisenblech zu beschlagen, einschl. Zarge aus Winkeleisen, Schloß, Steinschrauben, Bänder und selbsttätiger Zuwurfsvorrichtung	40—42
1 „ Fenster mit Sprossenteilung und Luftflügel aus Schmiedeeisen	26—28
1 „ Fensterladen aus Schmiedeeisen	34—38
1 Stück Winkeleisen für den Schutz von Wandecken, etwa 1,80 m lang	1,70—1,90

l) Dachdeckerarbeiten.

	M.
1 Geselle für 1 Stunde	1
1 Arbeiter „ „	0,75
Die Preise der Dachdeckerarbeiten sind einschl. der Latten und deren Befestigung, aber ausschl. der Schalung festgestellt.	
1 qm Strohdach einschl. aller Materialien	2
1 „ Rohrdach desgl.	2,50
Eindeckung mit Dachziegeln:	
1 qm Spließdach, Lattenweite 18 cm	3,50—3,80
1 „ Doppeldach, „ 14 „	4,20—4,75
1 „ Kronendach, „ 25 „	4—4,80
1 „ Falzziegeldach, „ 30—32 cm	4,50—5
1 „ Pfannendach, S-förm. Pfanne, 28 cm Lattung	3—3,20
1 „ Mönch- und Nonnendeckung, 34 „	5,30—5,60
1 m First- oder Grateindeckung mit Hohlsteinen, als Zulage	1,20

	M.
1 qm Schieferdach auf Schalung (Schuppendach)	3,50—3,80
1 „ desgl. auf Lattung aus rechteckigem, schabloniertem Schiefer in wagerechten Reihen gedeckt, mit 10 cm Überdeckung des dritten Steines, engl. Deckung	3,60—4
1 „ mit vieleckigem Schiefer, gemustert	5,60
1 „ Turm- und Kuppeleindeckung	7,20
1 „ Schieferdach in schräger Deckung auf Schalung	5
1 „ Steinpappdach auf Leisten, einschl. Teeren und Sanden . .	1,30—1,60
1 „ Pappdach ohne Leisten	1,20
1 „ doppellagiges Pappdach einschl. Sanden und Teeren . . .	1,50
1 „ Holzzementdach, ausschl. der Schalung	2,30—2,60
1 Stück Leiterhaken, verzinkt, zu liefern und anzubringen	0,70

m) Klempnerarbeiten.

1 Geselle für 1 Stunde 1,25 1 Arbeiter „ 1 „ 0,65	Aus Zinkblech Nr. 10	11	12	13
1 qm Zinkdach mit verlöteten Quernähten und hochstehendem Doppelfalz	4,50	4,90	5,50	6
1 „ Leistendach, einschl. der Leisten	4,75	5,30	5,80	6,25
1 „ Wellenzinkdach	4,70	5,30	5,80	6,20
1 „ Abdeckung der Hauptgesimse, auf Holzgesims	4	4,40	5	5,60
1 „ desgl. auf massiven Gesimsen 0,50 M. mehr, desgl. auf Sandsteingesimsen 0,75 M. mehr.				
1 „ desgl. der Band-, Brust- und Gurtgesimse, der Sohlbänke und Verdachungen	4,30	4,80	5,20	
1 m Rinne, frei auf dem Dache liegend, mit Wulst bei 50 cm Ummessung	.	3	3,25	3,50
1 „ desgl. für jedes Zentimeter Ummessung mehr	0,10	0,12	0,15	0,20
1 „ Rinneisen, zu obiger Rinne gehörig, 0,60 M.				
1 „ Kastenrinne mit ungebogenem Dreikant an der Vorderseite und Abkantung nach hinten, 15 cm hoch und weit	.	3,20	3,50	3,70
1 „ Abfallrohr, 10 cm Durchmesser	1,60	1,70	2	2,40
1 „ Wrasenfang	4,30	4,80	5,20	5,50
1 qm Kupferdach aus 0,7 mm starkem Blech, 6,25 kg schwer.				
1 „ desgl., 0,8 mm, 7,12 kg schwer.				
1 „ „ 0,9 „ 8,01 „ „				
1 „ „ 1 „ 8,90 „ „				
Für je 100 kg 220 M.				
100 kg Walzblei 45,50 M.				
100 „ Zink 80 M.				

n) Tischlerarbeiten.

		M.
1	Geselle für 1 Stunde	1,25
1	Arbeiter „ 1 „	0,65
1	Bursche „ 1 „	0,50
1 qm	gehobelte und verleimte Tür aus 2,5 cm starken Brettern mit eingeschobenen Leisten ohne Rahmen	6,50—7,50
1 „	Kreuztür mit 3,5 cm starken Rahmhölzern und angekehltem Profil	9—10
1 „	Sechsfüllungstür mit 4 cm starken Rahmhölzern, sonst wie vorstehend	11—12
1 „	Flügeltür wie vorstehend	14—16
1 „	Glaswand mit Oberlicht	15—22
1 „	einfache, 4 cm im Rahmen starke Glastür	8
1 „	zweiflüglige Glastür, sonst wie vorstehend	12
1 „	Türen mit ein- bzw. aufgelegten Kehlstößen bedingt eine Zulage von	3,50—5
1 m	verzinktes, glatt gehobeltes Futter, 10—12 cm breit	1,20—1,50
	Für jedes Zentimeter Mehrbreite, Zulage	0,15
1 „	ausgegründetes Futter, 18—21 cm breit	1,80
	Für jedes Zentimeter Mehrbreite, Zulage	0,50
1 qm	gestemmtes Futter mit angekehltem Profil	8—9
1 „	Rundbogenfutter das 2—2½-fache	
1 m	Bekleidung, auf Gehrung zusammengepaßt, behobelt und gekehlt, 2,5 cm stark	1—1,30
1 „	13—16 cm breite, einfach gekehlte, zusammengestemmte und verleimte 3,5 cm starke Bekleidung	1,30—1,85
1 „	einfache Verdachung mit gestemmtem Fries zu einflügligen Türen, 40 cm hoch, 16 cm ausladend	11—12
1 „	desgl. zu zweiflügligen Türen	13—13,80
1 qm	einflügliges Fenster, 3,5 cm stark	9—9,50
1 „	zweiflügl., dreiflügl., vier- und sechsflügliges Fenster mit festem oder beweglichem Mittelpfosten, 4 cm stark	9,50—10,50
1 m	Zwischenfutter bei Doppelfenstern, 3,5 cm stark	0,90—1,20
1 qm	Rundbogenfenster, auf das ganze Fenster berechnet, das 1½ fache	
1 „	Fensterläden, 2,5 cm stark, glatt gehobelt und verleimt mit eichenen Hirnleisten	9—9,50
1 „	gestemmte Fensterläden mit angekehltem Karnies	10,50—11,50
1 „	Rolljalousie mit Walze, Zapfen, Zapfenlager, Ringen, Riemen und Klammerschraube	20—22
1 „	Vordertorweg, 5,2 cm stark, aus kiefernem Holz mit Kämpfer, Oberlicht, eingelegten Kehlstößen	55—90

	M.
1 qm Hintertorweg von 3,5 cm starkem, kiefernem Holze, in den oberen Füllungen mit Sprosseneinteilung	50—60
1 „ einfaches gestemmtes Paneel, 3,5 cm stark, aus kiefern. Holze	9,50—10,50
1 „ Rolljalousie mit Walzen, Zapfen, Zapfenlagern usw. . .	14—16
1 „ Wandtäfelung mit Füllung, Sockel und Abschlußgesims (2,5 cm starke kieferne Bretter)	8,50—10
1 „ desgl., 3,5 cm stark mit eingelegten Kehlungen und glatten Füllungen	15,50—18
Eichene Täfelungen sind etwa 40 % teurer.	

o) Schlosserarbeiten.

Fenster- und Türbeschläge.

Einschließlich Vorhaltung der Werkzeuge.

	M.
1 Geselle für 1 Stunde	0,85
1 Arbeiter „ 1 „	0,50
1 einflügliger Beschlag mit 2 Winkelbändern, abgereiften Ecken, 2 halben Vorreibern und 1 eisernem Aufziehknopf zu beschlagen	1,25
1 zweiflügliger Beschlag mit 2 Aufziehknöpfen, 8 Ecken und 2 Bändern, sonst wie vor	1,70
1 desgl. mit 8 Ecken, 4 Aufsatzbändern, 2 eisernen Rudern mit eisernen Knöpfen und 3 eisernen Aufziehknöpfen, übereinander	1,85
1 desgl. wie vorstehend, jedoch mit Messingknöpfen	2
1 vierflügliger Beschlag mit 16 Ecken, 8 Aufsatzbändern und 1 Basküle oder 1 Espagnolettstange	6,—6,50
1 vierflügliges Doppelfenster mit 32 Ecken, 16 Aufsatzbändern, 2 Basküle und 1 Doppeleinreiber mit messingnen Oliven und 1 Schnepper	14—16
1 desgl. mit Rotgußoliven	20—22
1 desgl. mit Bronzeoliven	30—32
1 Kellertür mit 2 langen Bändern, Überwurf und Krampe .	3
1 Tür mit 2 Aufsatzbändern und Kastenschloß mit Eisendrücker . .	5
1 Tür wie vorstehend, aber mit eingestecktem Schloß	6,50
1 desgl. „ „ „ „ messingnen Drückern und Schildern	12—14
1 zweiflüglige Tür mit 4 Aufsatzbändern, Kantenriegeln, eingestecktem Schloß mit Messinggarnitur auf eisernen eingelassenen Schildern	22—25
1 vorderer Torweg mit 4 Kantenbändern, verstählten Pfannen und Spitzen, Basküle am feststehenden Flügel, eingestecktem Schloß und Messinggarnitur	80—120
1 leichterer hinterer Torweg, sonst wie vorstehend	60—80

	M.
1 zweiflüglige Haustür mit 5 starken Aufsatzbändern, Kantenriegeln und eingestecktem Schloß mit Messinggarnitur	40—50
1 qm eiserne Rolljalousie einschl. des Beschlages	22—30
1 zweiflüglige Windfangtür, nach beiden Seiten spielend, mit 4 Aufziehknöpfen	80—105

p) Glaserarbeiten.

1 Geselle für 1 Stunde	1
1 qm rheinisches Tafelglas bis 150 cm addierter Länge und Breite	3—3,50
von 150—210 cm addierter Länge und Breite	3,60—4,20
„ 210—260 „ „ „ „ „	4,30—5,80
$^6/_4$ = 50 %; $^8/_4$ = 100 % mehr.	
Gebogenes Glas 75 % teurer.	
1 „ halbweißes Glas	2,50—2,80
1 „ geblasenes, geschupptes Glas	7,20—8
1 „ matt gemustertes Glas (Musselin)	6,50—6,80
1 „ mattes Glas	3,50—4
1 „ mattes Musselinglas mit abgepaßten Mustern	8—15
1 „ farbiges Glas, je nach der Farbe	7,50—15
1 „ rohes Spiegelglas, einschl. Einsetzen:	
6 mm stark 6,50 M, 13 mm stark, 18 M.	
20 „ „ 30 „ 26 „ „ 40 „	

Für Spiegelglas sind die Preise nach dem Tarif der vereinigten Spiegelglasfabriken einzusetzen.

q) Anstreicher- und Malerarbeiten.

1 Gehilfe bei Arbeiten mit Öl- oder Wachsfarben einschl. Material für 1 Stunde	1,20—1,50
1 desgl. bei Leim- und Kalkfarbe	1—1,20
1 desgl. ohne Material	0,90
1 qm Fußboden, Brettwände usw. mit guter Ölfarbe 3 mal zu streichen einschl. Verkittung der Fugen	0,90—1,10
1 „ Fußboden wie vorstehend zu streichen und mit Fußbodenlack zu lackieren	0,80—1
1 „ Holzfläche zu grundieren und 2 mal weiß zu streichen	0,80—0,85
1 „ desgl. 3 mal zu streichen und 2 mal zu lackieren	1,45—1,70
1 „ desgl. zu grundieren, 2 mal mit Ölfarbe zu streichen, zu schleifen, holzartig zu malen und zu lackieren	1,35—1,65
1 „ Fassade 1 mal zu ölen und 3 mal mit Ölfarbe zu streichen	0,90—1
1 „ Wandputz 2 mal mit Kalkfarbe zu streichen	0,25—0,30
1 „ desgl. zu seifen, mit Leimfarbe zu streichen und mit Linien abzuziehen	0,30—0,50

r) Tapeziererarbeiten.

Ein Gehilfe für 1 Stunde 1 M.

(Überstunden nach 6 Uhr 1,20. Nachtstunden 2 M.)

	M.
Eine Tapetenrolle Naturelltapete (7,75 m lang, 47 cm breit, 3,5 qm deckend, auf den rohen Putz zu kleben, einschl. Leim und Bandstreifen, ausschl. Tapete	0,50
desgl. mit Makulaturunterlage	0,90
Tontapeten mit Makulatur und Ankleben, für 1 Rolle	1,60
Velourtapeten desgl.	3,80—4
Ledertapeten desgl.	4,60—5
1 m Borte oder Friesstreifen anzukleben	0,12—0,15
1 Tapetentür mit Leinwand zu bespannen einschl. der Leinwand	3—3,50
1 qm Linoleum zu legen von 0,50 M an.	
1 „ einfarbiges Linoleum, 4 mm stark, einschl. Verlegen und Material	3
1 „ desgl. gemustert	3,60—6,50

s) Stuckarbeiten.

Die Preise sind einschl. des Ansetzens und Anbringens, jedoch ausschl. der Modellkosten und der Rüstung angegeben.

	M.
1 m Stuckgesims, Höhe u. Ausladung zusammengerechnet, für 1 cm	0,08—0,10
1 „ Friesstreifen für 1 cm Höhe	0,15
Gebogene Gesimsstücke, Einfassungsleisten usw. sind 25 % teurer.	
1 Rosette, im Durchmesser 1 m mit Leinwandeinlage	9—12
Größere oder kleinere Rosetten werden nach den Zentimetern des Durchmessers berechnet.	
Medaillons als Basreliefs sind 100 % teurer.	
1 Konsol, 25 cm lang, 12,5 cm breit, 15 cm hoch	1,50—1,80
Für jedes Zentimeter Mehrbreite eine Zulage von	0,70
1 Baluster, 80 cm hoch, je nach der einfacheren oder reicheren Form	4—5,50
1 Säule von 30 cm größtem Durchmesser, 2,5 cm hoch, einschl. Basis und Kapitell	45—60
1 m Zahnschnitt	2—2,25
Steingut ist 15 % teurer als Gipsstuck.	
Zementguß ist 100 % teurer als Gipsstuck.	
1 qm Stucco lucido	9—12
1 „ Stuckmarmor	36—55
1 „ Terrazzo-Fußboden, granitartig	14—16

t) Ofenarbeiten.

Einschl. Lieferung sämtlicher Materialien (auch Lehm und Steine). Nach dem Minimaltarif des Innungsverbandes.

A. Postamentöfen.

	M.
1 Ofen, $2^1/_2 \times 3$ Kacheln, 6 Schichten hoch, mit Messingabschlußring, Heiztür und Messingvortür	70
desgl. 7 Schichten hoch	76
desgl. $2^1/_2 \times 3^1/_2$ Kacheln, 6 Schichten hoch	74
„ $2^1/_2 \times 3^1/_2$ „ 7 „ „	78

B. Vierecköfen.

Mit Terrakottafries, Obergesims, Aufsatz, Medaillon, Heiztür mit Messingvortür, Kachelzeug II. Kl.

	M.
1 Ofen, $2^1/_2 \times 3$ Kacheln, 8 Schichten hoch	87
1 „ $2^1/_2 \times 3$ „ 9 „ „	95
1 „ $2^1/_2 \times 3$ „ 10 „ „	102
1 „ $2^1/_2 \times 3^1/_2$ „ 8 „ „	94
1 „ $2^1/_2 \times 3^1/_2$ „ 9 „ „	101
1 „ $2^1/_2 \times 3^1/_2$ „ 10 „ „	109
1 „ $2^1/_2 \times 4$ „ 8 „ „	101
1 „ $2^1/_2 \times 4$ „ 9 „ „	109
1 „ $2^1/_2 \times 4$ „ 10 „ „	118

Bei den letzten 3 Öfen jede halbe Kachel breiter oder länger 8 M. mehr.

Öfen, auf 3 Seiten freistehend, durchschnittl. 10 M. mehr. Mit einem Wärmerohr, Kachelunterboden, Messingvortür 7,50 M. mehr.

C. Fünfecköfen.

Mit Terrakottagarnitur wie bei B.

	M.
1 Ofen, 3 Kacheln breit, 10—20 cm Flügel, 9 Schichten	105
1 „ 3 „ „ 10—20 „ „ 10 „	112
1 „ $3^1/_2$ „ „ 10—20 „ „ 9 „	111
1 „ $3^1/_2$ „ „ 10—20 „ „ 10 „	119
1 „ 4 „ „ 10—20 „ „ 9 „	119
1 „ 4 „ „ 10—20 „ „ 10 „	128
Einfassung im Oberteil mehr	7
Gemusterte Fußecken mehr	5
Doppeltes Untergesims mehr	6

D. Fünfeck-Mittelsimsöfen.

Ober- und Unterspiegel weiße Kacheln mit Obereinfassung, Unterbau mit gemusterten Ecken, Lisenen oder Eckfäulchen, Medaillon aus Terrakotta.

	M.
1 Ofen, 3 Kacheln breit, 10—20 cm Flügel, 9 Schichten	146
1 „ 3 „ „ 10—20 „ „ 10 „	154
1 „ $3^1/_2$ „ „ 10—20 „ „ 9 „	150
1 „ $3^1/_2$ „ „ 10—20 „ „ 10 „	160
1 „ 4 „ „ 10—20 „ „ 9 „	160
1 „ 4 „ „ 10—20 „ „ 10 „	170
Im Oberteil mit Majolikaspiegel, Unterteil dieselbe Grundfarbe in der Vorderfront, mehr	20
Zylindereinlage mit durchbrochener Messingvortür	18
Eiserner Regulierkasten mit roher Gittervortür, beginnend mit	40
Vortür vernickelt oder galvanisiert, mehr	12
Schuttkasten mit durchbrochener Ausström-Messingvortür, beginnend mit	40
Schamottekasten	8
Rostfeuerung	7,50

E. Kaminöfen.

	M.
Ofen, gänzlich von Terrakotta-Ornamenten und Kacheln	225—360
Einfarbig, dunkle Glasur, mehr	125
„ helle „ „	155
Ofen in heller Glasur mit Gold	600
Cadé-Einsatz, beginnend mit	68

F. Runde Öfen.

	M.
1 Ofen, gänzlich Terrakotta	110
1 „ einfarbig, dunkel glasiert	155—165
1 „ hell, einfarbig	185—190
1 „ hell mit Gold	250—260

G. Achtecköfen.

	M.
1 Ofen, gänzlich Terrakotta	125
1 „ einfarbig, dunkel glasiert	180—190
1 „ hell, einfarbig	210—220
1 „ hell mit Gold	290—300

H. Kochherde.

	M.
1 Kochherd $3^1/_2 \times 5$ Kacheln, mit Bratkasten, Eisengarnitur, Dreilochplatte	70
desgl. mit 3 Schichten Wandbekleidung	95

	M.
desgl. mit Messinggarnitur	104
1 Kochherd $3\frac{1}{2} \times 6\frac{1}{2}$ Kacheln mit Bratkasten, Wärmeröhre, Wasserkasten, gemaltem Fries auf der Kachelwand, Messinggarnitur	135
1 Kochherd mit erhöhtem Bratofen	160
Mit doppeltem Bratofen, mehr	25
„ Kupferblase, mehr	35—45
„ Zweiloch-Gaseinsatz, mehr	20
„ Dreiloch-Gaseinsatz, mehr	30
1 qm Küchenbekleidung aus weißen, glasierten Kacheln ohne Pfeiler, Fries, Sims	20—25
1 Waschherd $3\frac{1}{2} \times 6$ Kacheln, mit 2 Feuerungen und 2 Kochplatten, ohne Kessel, Eisengarnitur mit Winkeleisenring	80

Über Zentralheizungen sind unter Beifügung der erforderlichen Bauzeichnungen die Preise von den Gesellschaften für derartige Anlagen einzuziehen.

u) Gas- und Wasserleitungen.

Gasleitungen.

Beste geschweifte Gasröhren, einschl. Verlegen und Dichtungsmaterial usw.:

	M.
1 m Gasröhren 6 mm	0,80
1 „ „ 13 „	1,20
1 „ „ 19 „	1,60
1 „ „ 25 „	1,90
1 „ „ 31 „	2,30
1 „ „ 39 „	2,90
1 „ „ 50 „	3,50

Verzinkte schmiedeeiserne Gasröhren von 6—13 mm 30 %, von 19—50 mm 35 %, von 50—76 mm 45 % Aufschlag.

Gashaupthähne von Messing, einschl. des Einsetzens in die Leitung:

	M.
1 Stück Haupthahn 9 mm	2,10
1 „ „ 13 „	2,80
1 „ „ 50 „	18,50
1 Schlüssel dazu von	0,50—1,70

Gasheizöfen.

(Nach dem Kalender der Baugewerkszeitung.)

		M.
a) Genügend, um einen Raum von 45 cbm auf 15° R zu erwärmen, komplett montiert:	schwarz pro Stück . .	40—45
	vernickelt „ „ . . .	50—55
	emailliert „ „ . .	55—65

		M.
b) Genügend, um einen Raum von 80 cbm auf 15° R zu erwärmen, komplett montiert:	bronziert für 1 Stück . .	75—80
	vernickelt „ 1 „ . .	90—100
	emailliert „ 1 „ . .	100—120
c) Genügend, um einen Raum von 100 cbm auf 15° R zu erwärmen, sonst wie vor:	bronziert „ 1 „ . .	150—175
	vernickelt „ 1 „ . .	200—210
	emailliert „ 1 „ . .	240—250

(Bei Barzahlung sind 10 % weniger zu veranschlagen.)

Wasserleitungen.

Tagelohnarbeiten einschl. Vorhaltung der Geräte:

	M.
1 Rohrleger für 1 Stunde	1,30—1,40
1 Helfer „ 1 „	0,80—0,85
1 Arbeiter „ 1 „	0,50—0,55

Gußeisernes Zuflußrohr, einschl. Verlegen, Blei- und Dichtungsmaterial, Feuerung, Vorhalten der Werkzeuge und Verschnitt:

	M.
1 m gußeisernes Zuflußrohr, 40 mm Durchmesser im Lichten	3,40
1 „ desgl., 50 mm Durchmesser im Lichten	3,60
1 „ „ 65 „ „ „ „	4,40
1 „ „ 80 „ „ „ „	5,60
1 „ „ 100 „ „ „ „	6,60
1 „ gußeisernes Abflußrohr, 65 mm Durchmesser im Lichten	3,20
1 „ desgl., 100 mm Durchmesser im Lichten	4,20
1 „ „ 130 „ „ „ „	5,30
1 „ „ 150 „ „ „ „	6,20
1 „ „ 200 „ „ „ „	7,60

Innen und außen glasiertes Tonrohr, einschl. Verlegen, Dichtungsmaterial und Verschnitt:

	M.
1 m Tonrohr, 100 mm im Lichten	2,30
1 „ „ 125 „ „ „	2,75
1 „ „ 150 „ „ „	3,10
1 „ „ 200 „ „ „	4,60
1 „ „ 225 „ „ „	5,70
1 „ „ 300 „ „ „	8,75

Fassonstücke in Blei, Gußeisen und Ton werden mit ³/₄ des Preises der betreffenden Dimension außer dem Maße berechnet.

Erdarbeiten werden bis 1 m tief mit 0,85, bis 1,50 m tief mit 1,40—1,60 für 1 cbm in Rechnung gestellt.

Stemmarbeiten sind besonders zu berechnen.

Bleizuflußrohr, einschl. Verlegen, Lötzinn, Feuerung, Vorhalten der Werkzeuge und Verschnitt:

	M.
1 m Bleizuflußrohr, 13 mm	1,70—1,80
1 „ „ 19 „	2,65
1 „ „ 26 „	3,80—4
1 „ „ 32 „	4,50—4,70
1 „ „ 40 „	6,20
1 „ „ 50 „	7,80—8
Bleiabflußrohr wie vor:	
1 „ Bleiabflußrohr, 40 mm	2,35
1 „ „ 50 „	2,80
1 „ „ 63 „	4
1 „ „ 76 „	5,20
1 „ „ 100 „	6,60—7
Klosetteinrichtungen.	
I. Klasse mit doppeltem Geruchverschluß, Fayencebecken, gußeisernem Container mit verzinnter Wasserschale und Ventil, Klosetthahn mit Hebel und Gewicht, eingelassener Messingschale mit Zug und Griff, einschl. Aufstellen, Verbinden mit Zu- und Abflußrohr, Zinn, Kitt und Feuerung:	
a) mit massivem Mahagonisitz	110—130
b) mit poliertem Eichenholzsitz	95—116
II. Klasse wie vor mit 105 mm Bleigeruchverschluß:	
a) mit poliertem Eichenholzsitz	50,50
b) „ „ Kienholzsitz	45
III. Klasse mit gußeisernem Becken und Geruchverschluß, poliertem Kienholzsitz	29
Bleigeruchverschlüsse:	
a) aus Walzblei 100 mm	4,30
b) „ „ 50 „	2
c) „ „ 40 „	1,75
Gußeiserne Verschlußkasten:	
a) oval mit Deckel	1,80
b) sechseckige mit Holzklotz und Ring	4,60
1 Stück Küchenausguß, gußeisern, emailliert, einschl. Eingipsen der Dübel, Anschrauben und Verbinden mit dem Abflußrohr	8—10
1 m Filzbekleidung, zum Schutz gegen Frost	0,50
Küchenspültisch-Einrichtungen für Wasserleitung (warm und kalt), Tisch mit 2 Fächern und 2 Spindchen im unteren Teil, rundkantig ausgeschlagen mit Zink Nr. 15, poliert, mit Ablaufventilen, Schwenkarm und Durchlaufhahn, vollständig montiert	86

	M.
Badeeinrichtungen.	
1 Badewanne aus Zinkblech Nr. 16 mit Wulst, eingelegtem Holzboden, Sicherheitsüberlauf und messing. Abflußventil, roh, einschl. Aufstellung	58—68
1 desgl. wie vorstehend, jedoch innen und außen lackiert	65—80
1 Badeofen mit kupfernem Einsatz, gußeisernem Untersatz, der äußere Mantel aus starkem Zink, fein lackiert und bronziert, mit 2 Verbindungen einschl. Aufstellung, beginnend mit	80
1 desgl. ganz aus Kupfer mit gußeisernem Untersatz wie vor, blank gehämmert und lackiert, einschl. Aufstellung, beginnend mit	125
Badeschilder aus Marmor mit 3 eingelassenen Schalen und 3 Hähnen mit Kristallknöpfen, einschl. Befestigung	45—50
Dieselben aus Marmor mit eingravierten Bezeichnungen nebst 3 Hähnen und 3 Kristallknöpfen	30
1 glatte Kupferbrause mit Schraubstück und gebogenem, schmiedeeisernem Arm	10
1 vollständige Mahagoni-Waschtoilette mit Marmoraufsatz, Fayencebecken, Hahn, Ventil mit Kette, Bleigeruchverschluß, Schlüssel, ohne Aufstellung	125—180
1 desgl. mit Marmoraufsatz, 2 Becken mit Zu-, Abfluß- und Brausehahn, Kristallknöpfen, sonst wie vorstehend	210—300

v) Telephonanlagen.

1 Telephon	4—18
1 Mikrotelephonstation mit Telephonklingel, Taster und automatischem Umschalter	9—75
1 desgl. mit Telephon, Induktionsläutewerk, Taster und Umschalter	30—90
Transportable Tisch-Telephonstationen mit Mikrophon	12—75
1 Batteriewecker	1—7
1 Element	1,50—3,20
1 m Innenleitung	0,10—0,12
1 „ Außenleitung mit Stangen und Isolatoren	0,08—0,22

w) Elektrische Haustelegraphen.

1 m Guttaperchadraht mit Baumwolleumspinnung, 0,9 mm stark, zu liefern und anzubringen	0,10—0,12
1 Druckknopf je nach Ausstattung	0,25—2,10
1 Feld eines Tableaus	1,80—3,60
Element	1,60—3

x) Eiserne Treppen.

Preise ohne Podeste, Geländer und Holzbelag.

	M.
1 Stufe einer Haupttreppe, 1,40—1,50 m breit, Ausführung einfach	17—17,50
desgl., Ausführung besser	23—25,50
1 qm Podest, ausschl. Holzbelag	14,50
1 m einfaches Nebentreppengeländer	12,50
1 „ für einfache Haupttreppen	14
1 „ „ feinere „	35—40
Gußeiserne Wendeltreppen.	
1 Steigung, Trittstufe durchbrochen, Durchmesser 1,25 m, ohne Setzstufen	11,50—12
desgl. und mit durchbrochenen Setzstufen	14,50
„ mit 1,40 m Durchmesser	16,80
„ „ 1,50 „ „	18,80
Volle Trittstufen sind 1,50 M. teurer.	
Haustreppen in guter Ausführung, Durchmesser 1,50, sonst wie vor	23
desgl., Durchmesser 1,70, sonst wie vor	25,50

Die Antritts- und Austrittsstufe wird als je 2 Steigungen gerechnet.

Wendeltreppen aus Schmiedeeisen sind etwa so teuer wie Haupttreppen mit geraden Läufen.

9. Erläuterungen zu dem nachfolgenden Anschlagsbeispiel.

a) Allgemeines.

Der den vorstehenden Bestimmungen gemäß gefertigte Bauanschlag des auf der beigefügten Tafel befindlichen Baurisses erläutert die Art der Veranschlagung nach der Dienstanweisung für die Lokalbaubeamten.

Die mit Benutzung des Formulars A aufgestellte Vorberechnung erleichtert das Veranschlagen im hohen Grade. So gestatten die Umfangsmaße des Gebäudes eine leichte Ermittelung der äußeren Putz- und Fugenarbeiten. Durch Abzug des Flächeninhaltes der Räume von der Gesamtfläche des Gebäudes wird die vom Mauerwerk gedeckte Fläche jedes einzelnen Stockwerks ermittelt. Diese mit der Stockwerkshöhe multipliziert, ergibt den Inhalt des Mauerwerks.

Die Aufstellung des Flächeninhaltes der einzelnen Räume erleichtert mit Rücksicht auf die Arbeitsermittelung bzw. Materiallieferung des Maurers, Zimmermanns, Malers usw., die Berechnung der Gewölbe, Fußböden, der Deckenmalerei usw., während mit Hilfe des Umfanges der Räume die nötigen Längen gegeben werden, welche beispielsweise zur Ermittelung der Putzarbeiten, der Tapezierer- und Malerarbeiten in Betracht kommen.

Das Verzeichnis der Öffnungen und Nischen wird bedingt durch die Berechnung der Maurermaterialien, indem der körperliche Inhalt aller Öffnungen und Nischen von der zur Berechnung des Arbeitslohnes voll zum Ansatz gebrachten Kubikmasse des Mauerwerks abgezogen werden muß.

b) Berechnung der Erdarbeiten.

Bei der Berechnung nach Kubikmetern ist zu berücksichtigen:

a) das Ausschachten der Baugrube bzw. das Abheben des Mutterbodens;
b) das Ausheben der Fundamentgräben;
c) die Erdausfüllung;
d) die Abfuhr des ausgehobenen Bodens;
e) das Ebnen der Baustelle.

Hinsichtlich des Ausschachtens der Baugrube ist zu beachten:

Zumeist wird es erforderlich, die Baugrube mit einer Abschrägung (Dossierung) zu versehen, so daß also der Durchschnitt der Baugrube ein Trapez zeigen wird. Eine solche bald flachere, bald steilere Abschrägung richtet sich danach, wie der Erdboden „steht".

Zur Ermittelung der Grundfläche der Baugrube sind zunächst die Fundamentvorsprünge zu berücksichtigen, auch ist zu beachten, daß die Fundamentgräben breiter sein müssen als die Fundamentmauern, weil man zu beiden Seiten der letzteren einen „Arbeitsraum" schaffen muß, der eine ungehinderte Aufführung des Mauerwerks gestattet. Nehmen wir im nachfolgenden Beispiel den Arbeitsraum auf jeder Seite der Fundamentmauern in einer Breite von 10 cm an, so gewinnen wir die in Klammern gestellten Zahlen der Tafel.

Betrachten wir nunmehr die im Schnitt festgestellte Dossierungslinie. In dem Δ a b c hat die eine Kathete eine Länge von 2,00 m, die andere eine solche von 0,60 m. Denken wir uns die Strecke a b in zwei gleiche Teile geteilt und vom Teilpunkte eine Lotrechte gefällt, so würde Δ a e f $\cong$ Δ f d c sein, und man würde die Ausschachtung dadurch berechnen können, daß man den bereits gefundenen Massen der Grundfläche der Baugrube allseitig 0,30 m zulegt. Hierbei nimmt man also an, daß die Ausschachtung nach der Linie e d stattfinden soll. Freilich entbehrt diese Art der Rechnung der mathematischen Genauigkeit, weil man mit Rücksicht auf die durch die Dossierung bedingten dreiseitig-prismatischen Körper an jeder Gebäudeecke einen Fehler macht; aber die Unterschiede sind so unbedeutend, daß man die umständliche Berechnung der Prismen durch die angegebene Methode allgemein ersetzt.

Es ergibt sich folgende Berechnung:

a) für den Mittelteil:

$$8{,}99 + 2\,(0{,}10 + 0{,}30) = 9{,}79 \text{ m}$$
$$15{,}08 + 2\,(0{,}10 + 0{,}30) = 15{,}88 \text{ m}$$

b) für den Seitenteil links:

$$5{,}48 \text{ m}$$
$$13{,}78 + 2\,(0{,}10 + 0{,}30) = 14{,}58 \text{ m}$$

c) für den Seitenteil rechts dieselben Maße.

Es ist mithin zur Ermittelung der Fläche folgender Ansatz zu machen:

$$(9{,}79 \,.\, 15{,}88) + (5{,}48 \,.\, 14{,}58 \,.\, 2)$$

und dieser Flächeninhalt mit der Höhe der Baugrube, also mit 2,00 m zu multiplizieren.

Bei der Berechnung des Inhaltes der Fundamentgräben ist der Arbeitsraum zu berücksichtigen. Man ermittelt den Inhalt der Gräben dadurch, daß man den Inhalt der Fundamentmauern, um $^1/_6$ bis $^1/_4$ vergrößert, in Rechnung stellt.

Bei der Erdausfüllung kommen in Betracht:

a) das Hinterfüllen der Fundament-, Keller- und Sockelmauern;
b) das Ausfüllen einzelner Räume.

Da bei einem regelrecht auszuführenden Gebäude die Hinterfüllung durch Sand geschehen muß, weil der mit pflanzlichen Stoffen durchsetzte Mutterboden dem Mauerwerk nachteilig werden und zu Schwammbildungen Veranlassung geben kann, wird vielfach die Anfuhr von Sand notwendig werden. Da ferner ein Feststampfen der Füllmasse erforderlich ist, ist zu einem Kubikmeter Ausfüllung 1,25 cbm loser Sand zu berechnen.

Bezüglich der Hinterfüllung ist zu berücksichtigen:

1. Das Hinterfüllen der Fundamentmauern. Dieses ist dem Arbeitsraum gleich, also gleich $^1/_6$ bis $^1/_4$ der Masse des Fundamentmauerwerkes.

2. Das Hinterfüllen der Keller- und Sockelmauern. Denken wir uns die Fläche der Baugrube, wie wir sie durch die vorstehend angegebene Rechnungsweise gefunden haben, und bringen wir von dieser Fläche die Gesamtfläche des Kellergrundrisses in Abzug, so ergibt der Unterschied, multipliziert mit der Höhe der Baugrube, die Hinterfüllung.

Bei der Ausfüllung einzelner Räume wird der Kubikinhalt durch Multiplikation des Flächeninhalts mit der Höhe der Ausfüllung gefunden.

Mit bezug auf die An- und Abfuhr der ausgehobenen Erde sind die Grundsätze festzuhalten, welche Manger auf Grund seiner reichen Erfahrungen gegeben hat. Diese bestehen in den erfahrungsmäßig erprobten Grenzen über die Leistung eines Zweigespannes Pferde mittleren und starken Schlages und sind folgende:

a) ein Zweigespann Pferde bewegt auf schlechten oder sandigen Wegen eine Last von mindestens 600 kg, höchstens 1000 kg;
b) desgleichen auf trocknen und festen Feld- und Dorfverbindungswegen mindestens 1300 kg, höchstens 2000 kg;
c) desgleichen auf chaussierten oder gepflasterten Straßen mindestens 2000 kg, höchstens 6000 kg;
d) bei diesen Leistungen kann dasselbe Zweigespann Pferde die Meile, beladen in $2^1/_2$ Stunden, leer in 2 Stunden, also im Durchschnitt die Meile in $2^1/_4$ Stunden zurücklegen;
e) ein Zweigespann, gleichgültig, ob mit schwachen oder starken Pferden, kann täglich 12 Stunden, die Zeit zum Auf- und Abladen mit eingerechnet, angespannt sein.

Hiervon geht eine Stunde auf zufällige Behinderung während der Fahrt ab, so daß nur 11 wirkliche Arbeitsstunden verbleiben, und während dieser Stunden ist der größte zu durchlaufende Weg 4 Meilen. Hierbei fahren 2 Wagen beladen und 2 leer.

„Aus den Erfahrungssätzen d und e ergibt sich, daß ein Gespann Pferde, wenn es zum Durchlaufen einer Meile 2$\frac{1}{2}$ Stunden Zeit gebraucht, zu dem Maximum des von ihm täglich zu durchlaufenden Weges, nämlich zu 4 Meilen, 6 Stunden nötig hat. Wenn aber 11 Stunden eine Tagesarbeit ist, so bleiben 2 Stunden, die zum Auf- und Abladen verwendet werden können. Sind dieselben nicht voll nötig, so entsteht daraus kein Vorteil für die Anfuhr, indem die am Laden gewonnene Zeit sich nicht auf den Weg in der Art überträgt, daß infolgedessen eine größere als viermeilige Strecke durchfahren werden könnte; vielmehr bleiben nichtsdestoweniger 4 Meilen das höchste Maß der Leistung, und es geht die am Laden gewonnene Zeit ungenutzt verloren. Wenn dagegen das Laden eine größere als zweistündige Zeit vom Tage in Anspruch nimmt, so daß eine geringere als neunstündige Fahrzeit verbleibt, so verkürzt sich sofort die Leistung des Gespannes im Verhältnis zu der ihm verbleibenden Fahrzeit. Es stehen also die Fahrzeit und Ladezeit in einem voneinander abhängigen Verhältnis, und es wird zwischen beiden immer eine Mittelzahl geben, die für jeden einzelnen Fall die vorteilhafteste ist.“

10. Beispiel für einen Anschlag

nach der Dienstanweisung

für die Lokalbaubeamten der Staats-Hochbauverwaltung.

Formular A.

Pos.	Raum Nr.	Stückzahl	Gegenstand	Länge m		Breite m		Fläche qm		Höhe m		Inhalt cbm		Abzug
			A. Vorberechnung.											
			I. Umfang des Gebäudes.											
			a) **Fundamente.**											
			Vorder- und Hinterfront:											
			Mittelbau 2 (8,99 + 0,60 + 0,70) =	20	58									
			Seitenteile 4 . 5,48 . . . . . =	21	92									
			Seitenfronten links und rechts 2 . 13,78 . . . . =	27	56									
			Sa.	70	06									
		70,06	m Umfang in den Fundamenten.											
			b) **Kellergeschoß.**											
			Vorder- und Hinterfront:											
			Mittelbau 2 (8,89 + 0,60 + 0,70) =	20	38									
			Seitenteile 4 . 5,48 . . . . =	21	92									
			Seitenfronten links und rechts 2 . 13,68 . . . . =	27	36									
			Sa.	69	66									
		69,66	m Umfang im Kellergeschoß.											
			c) **Erdgeschoß.**											
			Vorder- und Hinterfront:											
			Mittelbau 2 (8,76 + 0,60 + 0,70) =	20	12									
			Seitenteile 4 . 5,48 . . . . . =	21	92									
			Seitenfronten links und rechts 2 . 13,55 . . . . =	27	10									
			Sa.	69	14									
		69,14	m Umfang im Erdgeschoß.											
			d) **Mittelbau und Dachgeschoß der Seitenteile.**											
		69,14	m Umfang wie im Erdgeschoß.											
			e) **Mittelbau, Dachgeschoß.**											
			Vorder-, Hinterfront u. 2 Seitenfronten 2 (8,76 + 14,85) . =	47	22									
		47,22	m Umfang im Dachgeschoß des Mittelbaues.											

Pos.	Raum Nr.	Stückzahl	Gegenstand	Länge m		Breite m		Fläche qm		Höhe m	Inhalt cbm	Abzug
			II. Gesamtfläche des Gebäudes.									
			a) **Fundamente.**									
			Mittelbau	15	08	8	99	135	57			
			Seitenteile 2 . 13,78	27	56	5	48	151	03			
							Sa.	286	60			
		286,60	qm Fläche des Fundamentgrundrisses.									
			b) **Kellergeschoß.**									
			Mittelbau	14	98	8	89	133	17			
			Seitenteile 2 . 13,68 . . . . =	27	36	5	48	149	93			
							Sa.	283	10			
		283,10	qm des Kellergeschosses.									
			c) **Erdgeschoß.**									
			Mittelbau	14	85	8	76	130	09			
			Seitenteile 2 . 13,55 . . . . =	27	10	5	48	148	51			
							Sa.	278	60			
		278,60	qm Fläche des Erdgeschosses.									
			d) **Mittelbau und Dachgeschoß der Seitenteile.**									
			Mittelbau, wie im Erdgeschoß .					130	08			
			Seitenteile wie desgl.					148	50			
							Sa.	278	58			
		278,58	qm Fläche des Mittelbaues und Dachgeschosses der Seitenteile.									
			e) **Mittelbau, Dachgeschoß.**									
		130,09	qm Fläche des Dachgeschosses des Mittelbaues.	14	85	8	76	130	09			
			III. Flächeninhalt der einzelnen Räume.									
	1		a) **Fundamente.**	4	87	2		9	74			
	2		4,84 . 5,37 — 0,90 . 1,60 — (0,38 + 0,64) 0,48 . . =					24	10			
	3		(2,19 . 5,37)—(3,60 + 0,85) 0,38 =					10	10			
			Seitenbetrag					43	94			

Pos.	Raum Nr.	Stückzahl	Gegenstand	Länge m		Breite m		Fläche qm		Höhe m		Inhalt cbm		Abzug
			Übertrag					43	94					
	4		(4,87 . 4,28) — (2 . 0,51 . 0,48) =					20	35					
	5		(4,87 . 5,06) — (2 . 0,51 . 0,48) =					24	15					
	6			1	37	7	77	10	64					
	7			4	87	2	06	10	03					
	8		wie 4					20	35					
	9		(5,77 . 7,77) — (4 . 0,51 . 0,48) =					43	85					
	10		(4,87 . 4,74) — (2 . 0,51 . 0,48) =					22	59					
						Sa.		195	40					
		195,40	qm Flächeninhalt der Räume zwischen den Fundamentmauern.											
			b) **Kellergeschoß.**											
	11			4	97	2	10	10	44					
	12		(5,47 . 4,94) — (0,38 . 5,47). . =					24	98					
	13		(5,47 . 2,29) — (3,60 + 1,02) 0,25 =					11	36					
	14		(4,97 . 4,38) — (0,38 . 4,97). . =					19	88					
	15		(4,97 . 5,16) — (0,38 . 4,97). . =					23	76					
	16			7	87	1	47	11	57					
	17			4	97	2	16	10	74					
	18		wie 14					19	88					
	19		(7,87 . 5,87) — (2,38 . 5,87 . 2) =					41	74					
	20		(4,97 . 4,84) — (0,38 . 4,97) . =					22	17					
						Sa.		196	25					
		196,52	qm Flächeninhalt der Räume im Keller.											
			c) **Erdgeschoß.**											
	21			5	10	2	23	11	37					
	22			5	60	5	20	29	12					
	23			5	60	2	42	13	55					
	24			5	10	4	50	22	95					
	25			5	30	5	10	27	03					
	26			8		1	60	12	80					
	27			5	10	2	30	11	73					
	28		wie 24					22	95					
	29			8		6		48						
	30			5	10	5	10	26	01					
						Sa.		225	51					
		225,51	qm Flächeninhalt der Räume im Erdgeschoß.											

Pos.	Raum Nr.	Stückzahl	Gegenstand	Länge m	Breite m	Fläche qm	Höhe m	Inhalt cbm	Abzug
			d) **Mittelbau und Dachgeschoß der Seitenteile.**						
	31			13 05	5 23	68 25			
	35			5 23	5 01	26 20			
	36c			2 50					
	37			2 60					
				5 10	2 30	11 73			
	39			5 48	5 23	28 65			
					Sa.	134 83			
		134,83	qm Flächeninhalt der Seitenteile.						
	32, 33								
	36a			6 20	5 73	29 74			
	34			5 37	2 42	13 55			
	36b			8	1 60	12 80			
	38			8	6 13	49 04			
					Sa.	105 13			
		105,13	qm Flächeninhalt des Mittelbaues.						
			IV. Umfang der einzelnen Räume.						
			a) **Kellergeschoß.**						
	11		2 (4,97 + 2,10) . . . . =	14 14					
	12		4 (5,47 + 2,28) . . . . =	31					
	13		5,47 + 2,29 + 3,60 + 1,02 + 1,27 =	13 65					
	14		4 (4,97 + 2,00) . . . . =	27 88					
	15		4 (4,97 + 2,39) . . . . =	29 44					
	16		2 (1,47 + 7,87) . . . . =	18 68					
	17		2 (4,97 + 2,16) . . . . =	14 26					
	18		wie 14	27 88					
	19		(5,87 + 2,37) 6 . . . . =	49 44					
	20		4 (4,97 + 2,23) . . . . =	28 80					
			Sa.	255 17					
		255,17	m Umfang der Räume im Kellergeschoß.						
			b) **Erdgeschoß.**						
	21		2 (5,10 + 2,23) . . . . =	14 66					
	22		2 (5,20 + 5,60) . . . . =	21 60					
			Seitenbetrag	36 26					

Pos.	Raum Nr.	Stück-zahl	Gegenstand	Länge m		Breite m		Fläche qm		Höhe m		In-halt cbm		Abzug	
			Übertrag	36	26										
	23		2 (2,42 + 5,60) . . . . =	16	04										
	24		2 (5,10 + 4,50) . . . . =	19	20										
	25		2 (5,10 + 5,30) . . . . =	20	80										
	26		2 (8,0 + 1,60) . . . . =	19	20										
	27		2 (5,10 + 2,30) . . . . =	14	80										
	28		wie 24	19	20										
	29		2 (8,0 + 6,0) . . . . =	28											
	30		2 (5,10 + 5,10) . . . . =	20	40										
			Sa.	193	90										
		193,90	m Umfang der Räume im Erdgeschoß.												
			c) **Mittelbau und Dachgeschoß der Seitenteile.**												
	31		2 (5,23 + 13,05) . . . . . . =	36	56										
	32		2 (2,97 + 5,73) . . . . =	17	40										
	33		2 (2,10 + 4,0) . . . . =	12	20										
	34		wie 23	16	04										
	35		2 (5,23 + 5,01) . . . . =	20	48										
	36		2 (8,0 + 1,60 + 2,10 + 1,60 + 2,50 + 2,30) . . . . . =	36	20										
	37		2 (2,60 + 2,30) . . . . =	9	80										
	38		2 (8,0 + 6,13) . . . . =	28	26										
	39		2 (5,23 + 5,49) . . . . =	21	44										
			Sa.	198	38										
		198,38	m Umfang der Räume im Mittelbau und im Dachgeschoß der Seitenteile.												
			d) **Mittelbau, Dachgeschoß.**												
	40		2 (8,26 + 14,35) + (8 . 0,13) =												
		46,26	m Umfang des Raumes des Dachgeschosses, Mittelbau.												

Pos.	Raum Nr.	Stückzahl	Gegenstand	Länge m	Breite m	Fläche qm	Höhe m	Inhalt cbm	Abzug
			V. Abzug der Öffnungen (für die Materialberechnung).						
			a) **Kellergeschoß.**						
			Gurtbogen.						
	12			4 45	38	1 69	2 80	4 73	
	13			2 04	38	78	2 50	1 94	
	14			3 85	38	1 46	2 60	3 80	
	15		wie 14 . . . . =					3 80	
	18		wie 15 . . . . =					3 80	
	19		2 . 4,85 . . . . =	9 70	38	3 69	2 60	9 59	
			3 . 2,12 . . . . =	6 36	51	3 24	2 50	8 10	
	20		wie 18 . . . . =					3 80	
			Türen.						
	13		Vierfüllungstür.	1 10	64	69			
	11		desgl.	1 10					
	15		Sechsfüllungstür	1 05					
	19		2 Vierfüllungstüren 2 . 1,10 . =	2 20					
				4 35	51	2 22			
	12		Sechsfüllungstür	1 10	38	42			
						3 33	2 30	7 66	
			Fenster.						
			7 Fenster d. Vorderfront 7 . 1,20 =	8 40					
	12		2 „ „ Hinterfront 2 . 1,20 =	2 40					
	1 u. 4		2 „ „ „ 2 . 1,10 =	2 20					
				13	64	8 32			
	11, 14, 18		3 „ „ Seitenfront. 3 . 1,10 =	3 30					
	15		2 „ „ „ 2 1,20 =	2 40					
				5 70	51	2 91			
						11 23	1 50	16 85	
							Sa.	64 07	
		64,07	cbm Öffnungen im Mauerwerk des Kellergeschosses.						
			b) **Erdgeschoß.**						
			1. Gurtbogen.						
	23		Treppenhaus.	2 18	25	55	3	1 65	
			Seitenbetrag					1 65	

Pos.	Raum Nr.	Stückzahl	Gegenstand	Länge m	Breite m	Fläche qm	Höhe m	Inhalt cbm	Abzug
			Übertrag					1 65	
			2. Türen.						
	23		Hoftür	1 10	51	56	2 10	1 18	
	27		Eingangstür	1 50	38	57	2 60	1 48	
	27		Glastür	1 30	38	49	2 40	1 18	
	24, 25, 26, 29		5 Flügeltüren 5 . 1,30. . . . =	6 50	38	2 47			
	22,27		2 „ 2 . 1,30. . . . =	2 60	25	65			
					Sa.	3 12	2 50	7 80	
	21		Sechsfüllungstür	1	38	38			
	25		2 Sechsfüllungstüren 2 . 1,00 =	2	25	50			
					Sa.	88	2 20	1 94	
			3. Fenster.						
			7 Fenster d. Vorderfront 7 . 1,05 =	7 35					
	22		2 „ „ Hinterfront 2 . 1,0 =	2					
	24		1 Fenster	1					
				10 35	51	5 28			
			4 Fenster der Seitenfront links 4 . 1,0 . . . . =	4	38	1 52			
					Sa.	6 80	2	13 60	
								28 83	
		28,83	cbm Öffnungen im Mauerwerk des Erdgeschosses.						
			c) **Mittelbau und Dachgeschoß der Seitenteile.**						
			1. Gurtbogen.						
	34			1 26	26	32	2 60	83	
	36			1 74	24	44	2 40	1 06	
			2. Türen.						
	36		2 Vierfüllungstüren 2 . 1,0 . =	2					
			1 Sechsfüllungstür	1 10					
				3 10	38	1 18			
			1 Vierfüllungstür	1	25	25			
						1 43	2 30	3 29	
			Seitenbetrag					5 18	

Pos.	Raum Nr.	Stückzahl	Gegenstand	Länge m	Breite m	Fläche qm	Höhe m	Inhalt cbm	Abzug
			Übertrag					5 18	
			3. Fenster.						
	38		3 Fenster d. Vorderfront 3 . 1,05 =	3 15					
	32, 33		2 „ „ Hinterfront 2 . 1,0 =	2					
	34		1 „ „ „	1 50					
				6 65	38	2 53	2	5 06	
	31, 37		3 Fenster der Giebel links und rechts 3 . 1,0 . . . . . . =	3	25	75	1 80	1 35	
	35, 39		2 Fenster, Giebel rechts 2 . 0,80 =	1 60	25	40	1 60	64	
							Sa.	12 23	
		12,23	cbm Öffnungen im Mauerwerk des Mittelbaues und Dachgeschosses der Seitenteile.						
			d) **Mittelbau, Dachgeschoß.**						
			Fenster.						
			Treppenhausfenster	1 20	25	30	60	18	
		0,18	cbm Öffnungen im Mauerwerk des Dachgeschosses des Mittelbaues.						
			Öffnungen in Fachwänden.						
	35, 39		2 Vierfüllungstüren 2 . 1,1 =	2 20					
	33		2 „ 2 . 1,0 =	2					
	37		2 „ 2 . 0,90 =	1 80					
			Sa.	6	2 30	13 80			
		13,80	qm Öffnungen in Fachwänden.						

Pos.	Raum Nr.	Stückzahl	Gegenstand	Länge m	Breite m	Fläche qm	Höhe m	Inhalt cbm	Abzug
			B. Massenberechnung.						
			a) Erdarbeiten.						
			Ausschachten der Baugrube.						
			Bemerkung. Bei der Ausschachtung ist an Stelle der im Schnitt A. B. angegebenen Dossierung ein lotrechtes Ausheben des Erdreiches nach der Linie e d angenommen worden. (Die Art der Berechnung wurde im Abschnitt 9 erläutert.)						
			Mittelbau	15 88	9 79	155 47			
			Seitenteil links	14 58	5 48	79 89			
			Seitenteil rechts desgl.			79 89			
						315 25	2	630 50	
			Ausheben der Fundamentgräben.						
			Die in Pos. 3 der nachfolgenden Berechnung festgestellte Kubikmasse des Fundamentmauerwerks beträgt					36 28	
			Hierzu für den Arbeitsraum und zur Abrundung etwa 1/6 der Masse des Fundamentmauerwerks					6 22	
							Sa.	673	
1		673	cbm Erdaushub der Baugrube und der Fundamentgräben.						
			Sandausfüllung.						
			Hinterfüllung des Mauerwerks.						
			Die Gesamtfläche der Baugrube beträgt laut vorstehender Berechnung			318 55			
			Hiervon ab die Gesamtfläche des Kellergeschosses nach: A. II. b.			283 10			
						35 45	2	70 90	
			Seitenbetrag					70 90	

Pos.	Raum Nr.	Stückzahl	Gegenstand	Länge m	Breite m	Fläche qm	Höhe m	Inhalt cbm	Abzug
			Übertrag					70,90	
			Die in vorstehender Berechnung angenommene Kubikmasse für den Arbeitsraum der Fundamentgräben beträgt					6,22	
	17			4,97	2,16	10,74	2	21,48	
							Sa.	98,60	
2		98,60	cbm Sandausfüllung.						
			b) Maurerarbeiten.						
			Fundamentmauerwerk.						
			Gesamtfläche nach A. II. a. . .			286,60			
	1—10		Davon ab Flächeninhalt der Räume nach A. III. a. . .			195,90			
					Sa.	90,70	,40	36,28	
3		36,28	cbm Bruchsteinmauerwerk der Fundamente.						
			Mauerwerk des Kellergeschosses.						
			Gesamtfläche nach A. II. b. . .			283,10			
	11—20		Davon ab Flächeninhalt der einzelnen Räume nach A. III. b.			196,52			
						86,58	3,20	277	
			Dazu das Fundament der Freitreppe 1,92 (2 . 0,92) . . =	3,82					
			Der unteren Stufe der Hoffreitreppe 1,60 + (2 . 0,20) . =	2					
				5,82	,30	1,60	,75	1,20	
							Sa.	278,20	
4		278,20	cbm Ziegelmauerwerk des Kellergeschosses.						
			Mauerwerk des Erdgeschosses.						
			Gesamtfläche nach A. II. c. . .			278,60			
			Seitenbetrag			278,60			

Pos.	Raum Nr.	Stückzahl	Gegenstand	Länge m	Breite m	Fläche qm	Höhe m	Inhalt cbm	Abzug
			Übertrag			278 60			
			Davon ab Flächeninhalt der Räume nach A. III. c. . .			225 51			
					Sa.	53 09	3 80	201 70	
5		201,70	cbm Ziegelmauerwerk des Erdgeschosses.						
			Mauerwerk des Mittelbaues und Dachgeschosses der Seitenteile.						
			Gesamtfläche des Mittelbaues nach A. II. d.			130 08			
	32, 33, 34,36a, 36b, 38		Davon ab Flächeninhalt der Räume nach A. III. d.: 17,02 + 8,40 + 13,55 + 16,16 + 49,04 . . . . =			104 17			
						25 91	3 50	90 68	
			Gesamtfläche des Seitenteils links nach A. II. d. $\frac{148,50}{2}$ . . =			74 25			
	31		Hiervon ab Flächeninhalt nach A. II. d.			68 25			
						6	90	5 40	
			Gesamtfläche des Seitenteils rechts nach A. II. d. $\frac{148,50}{2}$ . . =			74 25			
	35,36c, 37, 39		Hiervon ab Flächeninhalt nach A. III. d.: 26,20 + 5,75 + 5,98 + 28,65 =			66 58			
						7 67	90	6 90	
			2 Giebeldreiecke $\frac{13,55 \cdot 3,50}{2} \cdot 0,25 \cdot 2 =$					11 86	
							Sa.	114 84	
6		114,84	cbm Ziegelmauerwerk des Mittelbaues und Dachgeschosses der Seitenteile.						
			Mauerwerk des Dachgeschosses des Mittelbaues.						
			Gesamtfläche nach A. II. e. . .			130 09			
			Seitenbetrag			130 09			

Pos.	Raum Nr.	Stückzahl	Gegenstand	Länge m	Breite m	Fläche qm	Höhe m	Inhalt cbm	Abzug
			Übertrag			130 09			
			Hiervon ab Flächeninhalt nach A. III. d.			105 13			
						24 96	40	9 98	
			Dazu 2 Giebeldreiecke $\frac{8,76 \cdot 3,20}{2} \cdot 0,25 \cdot 2$ . . . =					7 01	
							Sa.	16 99	
7		16,99	cbm Ziegelmauerwerk des Dachgeschosses des Mittelbaues.						
			Schornsteinkasten.						
			Mittelbau links.						
8		3	m zweifacher Schornsteinkasten, die Röhren ½ Stein im Querschnitt mit einfacher Abdeckung.						
9		3	m einfacher desgl. wie vor.						
			Mittelbau rechts.						
10		3	m dreifacher desgl. wie vor.						
11		3	m fünffacher desgl. wie vor.						
			Verblendmauerwerk.						
			Umfang des Kellergeschosses nach A. I. b.	69 66	1 20	83 59			
			Umfang des Erdgeschosses nach A. I. c.	69 14	3 30	262 73			
			Umfang I. Stock, Mittelbau (8,76 +14,85) 2 . 3,50 — 2 (13,05 . 0,90) $+ \frac{13,05 \cdot 3,20}{2}$ 2 . . . . . =			100 48			
			Umfang Dachgeschoß der Seitenteile wie Erdgeschoß nach A. I. c. 21,92 + 27,10 . . . =	49 02	90	44 12			
			Hierzu 2 Dreiecke $\frac{13,55 \cdot 3,50}{2}$ 2 =			47 43			
			Umfang des Dachgeschosses des Mittelbaues nach A. I. e. . .	47 22	40	18 89			
			Hierzu 2 Dreiecke $\frac{8,76 \cdot 3,20}{2}$ 2 =			28 03			
					Sa.	585 27			
12		585,27	qm Verblendmauerwerk.						

Pos.	Raum Nr.	Stückzahl	Gegenstand	Länge m	Breite m	Fläche qm	Höhe m	Inhalt cbm	Abzug
			Sockelgesims.						
			Umfang des Kellergeschosses nach A. I. a.	69 66					
			Davon ab das Stück bei der Freitreppe nach Raum 27 = 2,30 + (2 . 0,25) . . . . . . =						2 80
			Die Breite der Hoftür						1 10
			ab	3 90					3 90
			bleiben	65 76					
13		65,76	m Sockelgesims. (Die übrigen Gesimse sind in gleicher Weise in Rechnung zu stellen.)						
			Gewölbe.						
			Preußische Gewölbe.						
			Flächeninhalt des Kellers nach A. III. b.			196 35			
			Davon ab: vgl. A. III. b.						
	13		Treppenhaus.						11 42
	17		Raum unter dem Eingangsflur						11 74
			ab			23 16			23 16
			bleiben			173 19			
14		173,19	qm preußisches Gewölbe im Kellergeschoß, ½ Stein stark, in der Ebene gemessen.						
			Mauersteinpflaster.						
			Vgl. A. III. b.						
			a) Hochkantiges Pflaster.						
	12		Waschküche.			22 45			
	14		Plättstube			19 88			
	15		Küche			25 26			
	12 u. 15		Dazu 2 Türen 2 . 1,10 . . . =	2 20					
	15		1 desgl.	1 05					
				3 35	51	1 71			
	12		1 desgl.	1 10	38	42			
					Sa.	69 72			
15		69,72	qm hochkantiges Mauersteinpflaster im Keller.						

Pos.	Raum Nr.	Stückzahl	Gegenstand	Länge m		Breite m		Fläche qm		Höhe m		Inhalt cbm		Abzug	
			b) Flaches Pflaster.												
	11		Gerätekeller					10	44						
	13		Treppenhaus.												
			(5,47 . 2,29) — (4,20 . 1,40) =					6	64						
	16		Korridor.					11	57						
	18		Vorratskeller					19	88						
	19		"					41	55						
	20		"					22	16						
	12, 14		Dazu die Gurtbogen nach A. V. a.												
	15, 18		1,69 + 0,78 + (1,46 . 4) +												
	19, 20		3,69 + 3,24 . . . . =					15	24						
	18, 19		2 Türen 2 . 1,10 . . . . =	2	20		51	1	12						
							Sa.	128	60						
	12		Davon ab: 1 Waschküchenherd .	1	50		80							1	20
	15		1 Küchenherd	1	60		70							1	12
			ab					2	32					2	32
			bleiben					126	28						
16		126,28	qm flaches Mauersteinpflaster im Keller.												
			Flachschicht-Doppelpflaster.												
	27		Vorhalle, vgl. A. III. c. . . .					11	73						
			Davon ab für 4 Stufenbreiten												
			4 . 0,30	2	30	1	20	2	76						
							Sa.	8	97						
17		8,97	qm Flachschicht-Doppelpflaster.												
			Betonausfüllung.												
	23		Treppenhaus nach A. III. c. .					13	55						
			Davon ab für die Kellertreppe .	3	20	1	02	3	26						
			bleiben					10	29						
18		10,29	qm Ausfüllung mit Beton oberhalb des Wellblechs einschl. Abgleichung.												
			Zementestrich. Vgl. Pos. 17.												
19		69,72	qm 2,5 cm starker Zementestrich.												
			Plattenbelag. Vgl. Pos. 17.												
20		8,97	qm Belag mit Mettlacher Fliesen.												

Pos.	Raum Nr.	Stückzahl	Gegenstand	Länge m		Breite m		Fläche qm		Höhe m		Inhalt cbm		Abzug	
			Glatter Wandputz.												
			Kellergeschoß.												
			Vgl. A. IV. a.												
	12		Waschküche.	30	90										
	14		Plättstube	27	88										
	15		Küche	30	54										
			Mittlere Höhe des Putzes 2,90 .	89	76	2	90	259	66						
			Hiervon ab Gurtbogenöffnungen:												
			vgl. A. V. a.												
	12		Waschküche.	4	45	2	80							12	46
	14		Plättstube	3	85	2	60							10	01
	12, 14 u. 15		Küche wie 14											10	01
			4 Türöffnungen (3 . 1,10) + 1,05	4	35	2	30							10	
			ab					42	48					42	48
			bleiben					217	18						
21		217,18	qm glatter Wandputz im Keller.												
			Erdgeschoß.												
			Vgl. A. IV. b. . . . . =	193	90	3	50	678	65						
	23		Das Treppenhaus	16	04										
	27		Die Vorhalle vor den Stufen .	1	60										
				17	64	1	20	21	17						
							Sa.	699	82						
			Hiervon ab an Öffnungen vgl. A. V. b.												
			Gurtbogen, Treppenhaus	2	18	3								6	54
			Hoftür	1	10	2	10							2	31
			Eingangstür	1	50	2	60							3	90
			Glastür 2 . 1,30 . . . . . . =	2	60	2	40							6	24
			7 Flügeltüren 7 . 1,30 . 2 . . =	18	20	2	50							45	50
			3 Sechsfüllungstüren 3 . 1,0 . 2 =	6		2	20							13	20
			ab					77	69					77	69
			bleiben					622	13						
22		622,13	qm glatter Wandputz i. Erdgeschoß.												
			Mittelbau, I. **Stockwerk.**												
			Vgl. A. IV. c.												
	32		Fremdenschlafzimmer	17	40										
	33		Mädchenstube	12	20										
			Seitenbetrag	29	60										

Pos.	Raum Nr.	Stückzahl	Gegenstand	Länge m	Breite m	Fläche qm	Höhe m	Inhalt cbm	Abzug
			Übertrag	29 60					
	34		Treppenhaus.	16 04					
	36		Korridor 37,20 2 (2,50 + 2,60) =	27 60					
	38		Fremdenzimmer	28 26					
				101 50	3 20	324 80			
			Davon ab:						
	32, 33		2 Fachwände 2 (5,73 + 2,10) =	15 66	3 20				50 11
			Öffnungen, vgl. A. V. c.						
	34		1 Gurtbogen	1 36	2 60				3 54
	36		1 Gurtbogen	1 74	2 40				4 18
	32		1 Tür 2 . 1,10 . . . . =	2 20					
	36		1 Tür 2 . 1,10 . . . . =	2 20					
	36		1 Tür 2 . 1,10 . . . . =	2 20					
	36		1 Tür 2 . 1,10 . . . . =	2 20					
				8 80	2 30				20 24
			ab			78 06			78 06
			bleiben			246 74			
23		246,74	qm glatter Wandputz des Mittelbaues, I. Stockwerk.						
			Fachwandputz.						
	32, 33		Mittelbau, vgl. vorstehende Berechnung			50 11			
			Hiervon ab an Öffnungen:						
			2 Türen 2 . 1,0 . 2 . . . . . =	4	2 30				9 20
			Seitenteil rechts.						
	36c		2 Fachwände 2 . 5,23 . . . . . =	10 46	3 50	36 61			
			Hiervon ab an Öffnungen:						
			2 Türen 2 . 1,0 . . . . =	2	2 30				4 60
					Sa.	86 72			13 80
			ab			13 80			
			bleiben			72 92			
24		72,92	qm Fachwandputz.						
			Rapp-Putz.						
			Kellergeschoß.						
			Vgl. A. IV. a.						
	11		Gerätekeller	14 14					
	13		Kellertreppenraum	13 65					
			Seitenbetrag	27 79					

Pos.	Raum Nr.	Stückzahl	Gegenstand	Länge m		Breite m		Fläche qm		Höhe m		Inhalt cbm		Abzug	
			Übertrag	27	79										
	16		Korridor	18	68										
	18		Vorratskeller	27	88										
	19		Vorratskeller	49	44										
	20		Vorratskeller	28	90										
				152	69	2	90	442	80						
			Seitenteil links, Dachgeschoß. Vgl. A. IV. c.												
	31		Trockenboden	36	56		90	32	90						
			Dazu 2 Dreiecke $\frac{13,05 . 3,20}{2}$ 2 =					41	76						
			Seitenteil rechts, Dachgeschoß.												
	35, 39		[20,48 + 21,42] 0,90 + 41,76 — 2,30 . 3,50 . 2 . . . . . =					79	47						
			Dazu 2 Fachwände 2 . 5,23 . =	10	46	3	50	36	61						
			Mittelbau, Dachgeschoß Vgl. A. IV. d.												
	40			46	26		40	18	50						
			Hierzu 2 Dreiecke $\frac{8,26 . 3,00}{2}$ 2 =					24	78						
						Sa.		676	82						
			Davon ab an Öffnungen im Keller: Gurtbogen nach A. V. a.												
	13			2	04	2	50							5	10
	18			3	85										
	19		2 . 4,85 . . . . =	9	70										
				13	55	2	60							35	23
			3 . 2,12 . . . . =	6	36	2	50							15	90
	20		wie 18 . . . . =											10	01
			Türen.												
	11, 13, 16		3 Türen 3 . 1,0 . . . . =	3	30										
	16		1 Tür	1	05										
	18, 19		2 Türen 4 . 1,10 . . . . =	4	40										
				8	75	2	30							20	13
	13		2 Dreiecke der Kellertreppe $\frac{2,30 . 2,0}{2}$ 2 . . . . . . =											4	60
			Seitenbetrag					676	82					90	97

Pos.	Raum Nr.	Stückzahl	Gegenstand	Länge m	Breite m	Fläche qm	Höhe m	Inhalt cbm	Abzug
			Übertrag			676 82			90 97
			Seitenteile, Dachgeschoß.						
	13		1 Tür.	1					
	35, 39		2 Türen 2 . 1,0 . . . . =	2					
				3	2 30				6 90
			ab			97 87			97 87
			bleiben			578 95			
25		578,95	qm Rapp-Putz im Keller und Dachgeschoß.						
			Deckenputz.						
			Kellergeschoß.						
			Vgl. Pos. 14.						
			Gewölbedeckenputz			173 19			
			Hierzu rund 1/3 für die Wölbung			57 81			
						231			
26		231	qm Gewölbedeckenputz.						
			Erdgeschoß.						
			Nach A. III. c.			225 51			
			Davon ab das Treppenhaus:						
	23		5,60 . 2,42 . . . . =			13 55			13 55
			bleiben			211 96			
			Mittelbau, I. Stockwerk und Seitenteil rechts.						
			Nach A. III. d.						
	32		Fremdenschlafzimmer			17 02			
	33		Mädchenstube			8 40			
	34		Treppenhaus.			13 55			
	36a u. b		Korridor.			16 16			
	36c		Korridor.			5 75			
	37		Klosett			5 98			
	38		Fremdenzimmer			49 04			
						327 86			
27		327,86	qm Deckenputz auf Schalung.						

Formular C. Holzberechnung. (Erforderlichenfalls über zwei Seiten reichend.)

Pos. d. Massen- bzw. Kostenberechnung	Stückzahl	Gegenstand	Länge im ganzen m	Verbandhölzer m											Bohlen qm		Bretter qm		
				22/24	14/24	10/24	19/22	15/18	10/18	17/17	13/17	16/16	13/15	12/12	8 cm	5 cm	3,5 cm	2,5 cm	2 cm
		Balkenlage über dem Erdgeschoß.		Die Liniierung ist in jedem Falle den zur Verwendung gelangenden Holzstärken entsprechend einzurichten.															
		a) Seitenteil links.																	
		5 Balken . . . . zu 13,05	65 25	65 25															
		b) Mittelbau.																	
		4 Balken . . . . zu 14,34	57 36	57 36															
		„ . . . . „ 8,41	16 82	16 82															
		3 Schornsteinwechsel . . . „ 1,59	4 59	4 59															
		Halbholzbalken (links über Raum 19). .	4 70		4 70														
		„ („ „ „ 16 u. 19)	7 40		7 40														
		„ („ „ „ 12) .	2 18			2 18													
		„ (rechts „ „ 12) .	5		5														
		„ („ „ „ 16 u. 19)	3 35			3 35													
		c) Seitenteil rechts.																	
		5 Balken. . . . . zu 13,05	65 25	65 25															
		Sa.	232 50																
40	232	m **Balkenlage.**																	
		Dachverband, Seitenteil links.																	
		2 Mauerlatten . . . . . . zu 5,30	10 60											10 60					
		2 Drempelwandschwellen . . „ 5,23	10 46										10 46						
		2 Drempelwandrähme . . . „ 5,23	10 46				10 46												
		10 Drempelstiele . . . . . „ 0,80	8										8						
		4 Drempelwandstreben . . . „ 1,20	4 80										4 80						
		4 Stuhlsäulen . . . . „ 3,40	13 60							13 60									
		2 Stuhlrähme. . . . . „ 5,23	10 46				10 46												
		5 Kehlbalken . . . . „ 5,70	28 50					28 50											

		… Kopfbänder der Stuhlsäulen zu 1,10	11	20																	11	20							
		10 Sparren . . . . „ 8,10	81																81										
		4 Streben . . . . „ 2,60	10	40																	10	40							
		8 Zangen . . . . „ 1,60	12	80											12	80													
		Sa.	213	18																									
41	**213,18**	**m Dachverband.**																											
		Für Verschnitt etwa 3 %			6	73		40		27		58		50		20		40	2			40		74		40			
		Laufende Meter			216		17	50	5	50	21	50	29		13		14		83		22		24		11				
		Kubikmeter =			11	40		59		13																			
42	**12,12**	**cbm Balkenholz**					12,12																						
		Kubikmeter =										90		78		23		40	1	83		56		47		16			
43	**5,33**	**cbm Kiefern-Verbandholz**																	5,33										
		Bohlen und Bretter.																											
		Erdgeschoß.																											
		Tür-Überlagsbohlen in 38 cm starken Wänden																											
		(6 . 1,55) + 1,25 = 10,55 . 0,38 =																									4		
		Tür-Überlagsbohlen in 25 cm starken Wänden																											
		(2 . 1,55) + 1,25 = 4,25 . 0,25 =																									1,06		
		Für Verschnitt etwa 5 %																									0,24		
44	**5,30**	**qm Bohlen, 8 cm stark**																									5,30		
		Fußboden, gespundet (der Räume 21, 22, 24, 25, 26, 28, 29, 30).																											
		11,37 + 29,12 + 22,95 + 27,03 +12,70+22,95+48+26,01 qm =																										200,23	
		Für Verschnitt etwa 5 %																										9,77	
45	**210**	**qm Fußboden**																										210	
		Deckenschalung nach A. III.																											221,73
		Für Verschnitt etwa 5 %																											10,27
46	**232**	**qm Deckenschalung**																											232

Erläuterungen

zu der vorstehend gegebenen Holzberechnung.

Für die Berechnung der Zimmerarbeiten ist als Beispiel für die Art der Rechnungsaufstellung eine Balkenlage und der Dachstuhl des Seitenteiles links gewählt worden. Aus derselben ist ersichtlich, wie die Holzberechnung für jeden gegebenen Fall geartet sein muß. Über den Abschluß und die Umwandlung der einzelnen Längen zu Kubikmetern sind in der Anweisung mit bezug auf die Form der Aufstellung keine besonderen Bestimmungen angegeben. Da stärkere Hölzer, namentlich Balkenhölzer, einen höheren Preis für 1 Kubikmeter erzielen als schwächere, also beispielsweise Hölzer des Dachverbandes, so hat in umstehender Zusammenstellung eine Trennung mit Rücksicht auf den kubischen Inhalt stattgefunden. Das Zurichten, Aufbringen und Verlegen der Balken, berechnet nach Metern der gesamten Länge, ist in besonderer Position (Pos. 40) angegeben worden. Hiervon getrennt, weist die Pos. 41 das Zurichten, Abbinden und Aufstellen der Hölzer des Dachverbandes auf.

Der kubische Inhalt der Balkenhölzer ist in Pos. 42 zusammengestellt, während sich Pos. 43 auf die gesamte Kubikmasse der Dachverbandhölzer bezieht.

Die Berechnung der Bohlen und Bretter, bei denen Arbeitslohn und Material nicht getrennt aufgestellt werden, bedarf keiner näheren Erläuterung.

…mular D. **Maurermaterialien-Rechnung *).**

Kostenberechnung	Stückzahl	Gegenstand	Bruchsteine	Hintermauerungssteine	Verblendsteine	Formsteine Nr. 11 Läufer	Formsteine Nr. 12 Ecksteine	Klinker	Kalkmörtel	Zementmörtel
			cbm	Stück					l	
		(Bemerkung. Diese Liniierung ist in jedem Falle den zur Verwendung kommenden Materialien entsprechend einzurichten.)								
		Fundamentmauerwerk.								
	36,78	cbm Bruchsteinmauerwerk zu 1,25 cbm regelmäßig aufgesetzten Steinen u. 330 l Mörtel	45,96						12 137	
		Aufgehendes Mauerwerk.								
	278,20	cbm Mauerwerk des Kellers								
	201,70	„ „ „ Erdgeschosses								
	114,84	„ „ „ Mittelbaues u. Dachgeschosses d. Seitenteile								
	12,14	cbm Mauerwerk des Dachgeschosses des Mittelbaues.								
	606,88	cbm								
		Hiervon ab die Öffnungen nach A. V. A. bis d. 64,07 cbm im Keller, 28,83 „ „ Erdgeschoß, 12,23 „ „ Mittelbau u. Dachgeschoß der Seitenteile, 0,18 cbm im Mittelbau des Dachgeschosses.								
	105,31	cbm Öffnungen								
	501,57	cbm ohne Öffnungen zu 400 Steinen und 280 l Mörtel = 200 628 Steine								
		Hiervon ab:								
	585,27	qm Verblendung zu 75 Steinen = 43 986 Steine			43 896					
		bleiben 156 732 „		156 732						
		501,57 cbm zu 280 l Mörtel =							140 440	
		Seitenbetrag	45,96	156 732	43 896				152 577	

*) Erforderlichenfalls über 2 Seiten reichend.

Pos. der Massen- bzw. Kostenberechnung	Stück-zahl	Gegenstand	Bruch-steine	Hinter-maue-rungs-steine	Ver-blend-steine	Form-steine Nr. 11 Läufer	Form-steine Nr. 12 Eck-steine	Klin-ker	Kalk-mörtel	Ze-ment-mörtel
			cbm	Stück					l	
		Übertrag	45,96	156 732	43 896				152 577	
8	3	m zweifacher Schornsteinkasten, 14 zu 14 cm, zu 85 Steinen und für 1000 St. einschl. inneren Putzes 800 l Mörtel			255					204
9	3	m einfacher Schornsteinkasten zu 52 Steinen, Mörtel wie vorstehend			156					126
10	3	m dreifacher Schornsteinkasten zu 118 Steinen, Mörtel wie vorstehend			354					283
11	3	m fünffacher Schornsteinkasten zu 182 Steinen, Mörtel wie vorstehend			546					437
13	65,76	m Sockelgesims. Hierzu Normalprofilsteine Nr. XI, eine Schicht zu 4 Steinen				263	8			
14	173,19	qm Kappengewölbe, ½ Stein stark, einschl. Hintermauerung zu 75 Steinen und 55 l Mörtel		12 989					9 525	
15	69,72	qm hochkantiges Pflaster zu 56 Steinen und 30 l Mörtel . .						3904	2 092	
16	126,28	qm flaches Pflaster zu 32 Steinen und 17 l Mörtel						4042	2 147	
17	8,97	qm Flachschicht-Doppelpflaster zu 64 Steinen und 30 l Mörtel		574					269	
18	10,29	qm Konkretausfüllg. auf Trägerwellenblech zu 15 zerschlagenen Steinen und 30 l Mörtel . .						154		309
19	69,72	qm 2,5 cm starker Zementestrich zu 28 l Mörtel								1952
20	8,97	qm Mettlacher Fliesen. Hierzu für 1 qm 25 l Mörtel . . .								224
21	217,18	qm glatter Wandputz im Keller								
22	622,13	qm glatter Wandputz im Erdgeschoß, 1,5 cm stark								
23	246,74	qm glatter Wandputz im Mittelbau, I. Stockwerk, 1,5 cm stark								
	1086,05	qm Wandputz zu 17 l Mörtel .							18 463	
		Seitenbetrag	45,96	170 295	45 207	263	8	8100	185 073	3535

bzw. Kostenberechnung	Stückzahl	Gegenstand	Bruchsteine	Hintermauerungssteine	Verblendsteine	Formsteine Nr. 11 Läufer	Formsteine Nr. 12 Ecksteine	Klinker	Kalkmörtel	Zementmörtel
			cbm	Stück					l	
		Übertrag	45,96	170 295	45 207	263	8	8100	185 073	3535
24	72,92	qm Fachwandputz zu 15 l Mörtel							1 094	
25	578,95	qm Rapp-Putz zu 13 l Mörtel							7 526	
26	230,92	qm Gewölbe-Putz zu 20 l Mörtel							4 618	
27	327,86	qm Deckenputz auf Schalung zu 20 l Mörtel							6 557	
		Für Bruch, Verlust und zur Abrundung etwa 2—3 % . . .	1,05	8 705	1 793	12	2	900	5 132	56
			46,00	179 000	47 000	275	10	9000	210 000	3600
									Mischung 1:2	
		Daher Materialbedarf:								
60	46	cbm Bruchsteine.								
61	179	Tausend Hintermauerungssteine.								
62	47	Tausend Verblendsteine.								
63	275	Normalprofilsteine Nr. XI als Läufer.								
64	10	Ecksteine hierzu.								
65	9	Tausend Klinker.								
		$\frac{210\,000}{2{,}4\,.\,100}$ = rund								
66	875	hl gelöschter Kalk.								
		$\frac{875{,}0\,.\,2}{10}$ = rund								
67	175	cbm Mauersand.								
		$\frac{3600}{2{,}10} = 1714$ l.								
		1 Tonne gerechnet zu 125 l lose Masse,								
		$\frac{1714}{125} = 13{,}72$ Tonnen								
		oder rund								
68	13,50	Tonnen Zement.								
		$\frac{1714\,.\,2}{100\,.\,10}$ = rund								
69	3,50	cbm scharfen Mauersand zu Zementarbeiten.								

Da nur noch die

Steinmetz- und Eisenarbeiten

unter Umständen die Aufstellung von längeren, aus mehreren Ansätzen bestehenden Berechnungen bedingen, so sind in der Regel für diese beiden Titel Massenberechnungen erforderlich.

Auszuschließen von der Massenberechnung sind solche Gegenstände, welche aus der Zeichnung unmittelbar durch einfaches Zusammenzählen zu entnehmen sind.

Nehmen wir an, daß das Sockelmauerwerk in unserem Beispiel mit Quaderverblendung versehen werden sollte. Es ist zunächst eine Massenberechnung der Verblendung nach Quadratmetern anzufertigen. (Vgl. S. 10.)

Nach Formular A. I. b. beträgt der gesamte Umfang des Gebäudes 69,66 m. Nehmen wir die Höhe der Quaderverblendung auf 1,50 m an, so hätten wir eine Gesamtfläche von (69,66 . 1,50) = ... 104,49 qm

Hiervon sind alle Öffnungen in Abzug zu bringen, und zwar nach A. V. a.

Fenster = ... 7,55 „

Summa Verblendung 96,94 qm

Zur Aufstellung dieser Berechnung ist das Formular B zu benutzen.

Bezüglich der Eisenarbeiten siehe das Beispiel auf Seite 26.

Das Formular für den Kostenanschlag ist auf Seite 24 (Formular E) gegeben.

Formular E.

Kostenberechnung
betreffend
den Neubau eines Landhauses
für Herrn N. N. in A. . . .

Pos.	Stück-zahl		Gegenstand	Einheits-Preis M.	Einheits-Preis Pf.	Geld-betrag M.	Geld-betrag Pf.
			Titel I.				
			Erdarbeiten.				
1	673	cbm	Erde der Fundamentgräben und der Baugrube (Muttererde mit darunter befindlichem Sandboden) auszuheben, für die Baugrube die nötige Dossierung herzustellen, den ausgehobenen Boden bis auf 50 m abzukarren, einschl. Vorhaltung sämtlicher Geräte, auch der Karrdielen usw. (Grundwasserstand 0,60 m unter der Sohle der Baugrube)	1	20	807	60
2	98	cbm	Sandhinterfüllung der Fundament- und Kellermauern sowie Ausfüllung einzelner Räume herzustellen, den Sand gut festzustampfen, einschl. Vorhalten der Geräte usw.		80	78	40
			Summe			886	
			Titel II.				
			Maurerarbeiten.				
			a) Arbeitslohn.				
3	36,28	cbm	Fundamentmauerwerk aus Bruchsteinen in Kalkmörtel herzustellen, die Fugen regelrecht zu verzwicken einschl. Transport der Materialien auf der Baustelle und aller Nebenarbeiten	5		181	40
4	278,20	cbm	Ziegelsteinmauerwerk des Kellers aufzuführen, die Öffnungen anzulegen und zu überwölben, die Lehrbogen für die Gurtbogen aufzustellen und wieder zu beseitigen, einschl. Rüsten und aller Nebenarbeiten	5	50	1530	10
5	202	cbm	Mauerwerk des Erdgeschosses wie vorstehend beschrieben aufzuführen	6		1212	
6	115	cbm	Mauerwerk des ersten Stockwerkes des Mittelbaues und des Dachgeschosses der Seitenteile wie vorstehend aufzuführen	7		805	
			Seitenbetrag			3728	50

Pos.	Stück-zahl	Gegenstand	Einheits-Preis M.	Pf.	Geld-betrag M.	Pf.
		Übertrag			3728	50
7	17	cbm Mauerwerk des Dachgeschosses des Mittelbaues wie vorstehend aufzuführen	7	20	122	40
8	3	m zweifachen Schornsteinkasten oberhalb des Daches aufzuführen, die Röhren im Innern zu putzen, die Flächen im Äußern mit Zement zu fugen, den einfachen, durch eine ausgekragte Flachschicht herzustellenden Schornsteinkopf mit Zement abzuwässern, einschl. Rüsten	3		9	
9	3	m einfachen Schornsteinkasten wie vorstehend beschrieben aufzuführen	2	30	6	90
10	3	m dreifachen Schornsteinkasten desgl.	5		15	
11	3	m fünffachen Schornsteinkasten desgl.	8		24	
12	585,25	qm die sichtbaren Außenflächen des Gebäudes mit Verblendsteinen zu verblenden unter Innehaltung eines fehlerlosen Verbandes, die Fugen auszuschneiden, die Flächen mit verdünnter Salzsäure abzuwaschen, als Zulage zum Mauerwerk	1		585	25
13	65,75	m Sockelgesims aus Parallelsteinen und in einer Schicht aus Normalsteinen Nr. XI herzustellen, als Zulage		20	13	15
14	173	qm preußisches Kappengewölbe, ½ Stein stark, in der Ebene gemessen, zwischen Wänden und Gurtbogen herzustellen, die Lehrgerüste aufzustellen und die Ausrüstung derselben zu besorgen, einschl. der Hintermauerung der Kappen und aller Nebenarbeiten.	2		346	
15	70	qm hochkantiges Mauersteinpflaster anzufertigen, die Steine in Mörtel zu legen, die Fugen gut auszugießen, einschl. Herstellung der Sandbettung	1	40	98	
16	126,25	qm Mauersteinpflaster auf der flachen Seite wie vorstehend beschrieben		80	101	
17	9	qm Mauersteinpflaster, bestehend aus zwei übereinander gelegten Flachschichten, sonst wie in Pos. 15 beschrieben, herzustellen	1	20	10	80
18	10,25	qm Betonausfüllung aus Zement, Sand und zerschlagenen Klinkern bestehend, oberhalb des Trägerwellblechs aufzubringen, die nötigen Bestandteile zu mischen und die Oberfläche glatt zu putzen		60	6	15
19	70	qm Mauersteinpflaster mit einem 2,5 cm starken Zementestrich zu versehen und die Oberfläche zu glätten . .		60	42	
		Seitenbetrag			5108	15

Pos.	Stück-zahl	Gegenstand	Einheits-Preis M.	Pf.	Geld-betrag M.	Pf.
		Übertrag			5108	15
20	9	qm Mettlacher Fliesen zu verlegen, hierzu eine 1 cm starke Zementunterlage, die Fugen mit Zementmilch zu vergießen und die Platten mit verdünnter Salzsäure zu reinigen, einschl. der letzteren	2		18	
21	217	qm glatten Wandputz im Keller anzufertigen einschl. Rüsten		45	97	65
22	622	qm glatten Putz im Erdgeschoß wie vorstehend anzufertigen, die Flächen abzufilzen		70	435	40
23	247	qm glatten Putz im I. Stockwerk des Mittelbaues wie Pos 21		80	197	60
24	73	qm Fachwandputz anzufertigen, die Hölzer an den Putzflächen zu berohren, einschl. der Anlieferung von Rohr, Draht, Nägeln und Gips		90	65	20
25	579	qm Rapp-Putz im Keller und im Dachgeschoß der Seitenteile		40	231	60
26	231	qm Gewölbedeckenputz im Keller herzustellen		60	138	60
27	328	qm Deckenputz auf Schalung anzufertigen, die Schalbretter einfach zu berohren, einschl. der Anlieferung von Rohr, Draht, Nägeln und Gips*)	1		328	
		Summe			6620	20
		b) Materialien.				
60	46	cbm Bruchsteine anzuliefern und anzufahren	10		460	
61	179	Tausend Hintermauerungssteine im Normalziegelformat anzuliefern einschl. Anfuhr derselben	30		5370	
62	47	Tausend Verblendsteine in gleichem Formate wie vor . .	42		1974	
63	275	Stück Normalformsteine Nr. XI als Läufer wie vor		06	16	50
64	10	Ecksteine hierzu wie vor		20	2	
65	9	Tausend Klinker anzuliefern einschl. Anfuhr	40		360	
66	875	hl eingelöschten Kalk anzuliefern und anzufahren	1	40	1225	
67	175	cbm Bausand anzuliefern und anzufahren	4		700	
68	13,50	Tonnen Zement (Normaltonnen von 180 kg Bruttogewicht) bis zum Bauplatz anzuliefern	6		216	
69	3,50	cbm scharfen Mauersand zu Zementarbeiten	5		17	50
70	324	Stück Mettlacher Fliesen (Viereckplatten, 17 cm Seitenabstand) anzuliefern mit Fracht und Anfuhr		30	97	20
		Summe			10438	20

*) In der Privatbaupraxis kommen noch hinzu: Für Vorhaltung der Rüstungen und Gerätschaften sowie deren An- und Abfuhr etwa 5 % des Arbeitslohnes.

Pos.	Stück-zahl	Gegenstand	Einheitspreis M.	Pf.	Geldbetrag M.	Pf.
		Titel III.				
		Asphaltarbeiten.				
		Gesamtfläche des Kellergeschosses nach A. II. b. = 283,10 qm				
		Hiervon ab der Flächeninhalt der Räume des Kellergeschosses nach A. III. b. . . . . . . = 206,00 „				
		bleiben 77,10 qm				
71	77,10	qm die sämtlichen Mauern des Kellergeschosses mit einer Isolierschicht von gegossenem Asphalt 1 cm stark zu versehen einschl. des Materials und Vorhaltung der Gerätschaften	1	30	100	23
		Titel IV.				
		Steinmetzarbeiten.				
72	92	qm Quaderverblendung von wetterbeständigem Sandstein, genau nach der Zeichnung, die Binderschichten durchschnittlich 30 cm hoch und 25 cm tief, die Läuferschichten 45 cm hoch und 13 cm tief, anzuliefern, zu bearbeiten, zu versetzen und zu vergießen, einschl. Lieferung der Dübel usw.				
		Für Material	40			
		Für Bearbeitung	30			
		Für Versetzen usw.	7			
		Summe	77		7084	
		Bemerkung. Mit bezug auf die Berechnung der Steinmetzarbeiten wird auf die Erläuterungen (Seite 10) hingewiesen.				
		Titel V.				
		Zimmerarbeiten und Material.				
		Die nachfolgende Aufstellung bezieht sich auf die Massenberechnung. Als Beispiel für die Berechnung wurde die Balkenlage über dem Erdgeschoß und der Dachstuhl über dem Seitenteil links gewählt.				
80	232	m Ganz- und Halbholzbalken (vgl. Pos. 40 der Massenberechnung) zuzurichten, aufzubringen und zu verlegen, einschl. Herstellung der zur Aufnahme der Staken bestimmten Falze und der Vorhaltung der Gerätschaften		55	127	60
		Seitenbetrag			127	60

Pos.	Stückzahl	Gegenstand	Einheits-Preis M.	Pf.	Geldbetrag M.	Pf.
		Übertrag			127	60
81	213	m Hölzer des Dachverbandes (vgl. Pos. 41 der Massenberechnung) zuzurichten, aufzubringen und aufzustellen, einschl. Anbringung des erforderlichen Eisenzeuges: der Klammern, Bolzen usw., sowie Vorhaltung der Gerätschaften		65	138	45
82	12	cbm geschnittenes Balkenholz (vgl. Pos. 42 der Massenberechnung) in den erforderlichen Stärken und Längen anzuliefern und anzufahren	52		624	
83	5,50	cbm geschnittenes Halb- und Kreuzholz zum Dachverbande in den erforderlichen Stärken anzuliefern und anzufahren	45		247	50
84	5,50	qm 8 cm starke kieferne Stammbohlen (vgl. Pos. 44 der Massenberechnung) zu Türüberlagsbohlen zuzurichten und anzuliefern, einschl. Material	8		45	
85	210	qm 3,3 cm starken Fußboden (vgl. Pos. 45 der Massenberechnung) zuzurichten, die Bretter mit Nut und Feder zu versehen, dieselben mit verdeckter Nagelung zu befestigen, mit Material und den zur Befestigung der Bretter erforderlichen Nägeln	4	50	945	
86	232	qm 2 cm starke Schalbretter (vgl. Pos. 46 der Massenberechnung) zuzurichten, die Bretter zu besäumen, bzw. dieselben aufzuspalten und dieselben mit Belassung eines Zwischenraumes von 1 cm an die Balken zu nageln, mit Materiallieferung, den zur Befestigung erforderlichen Nägeln und der Herstellung und Befestigung der Rüstung	1	20	278	40
		Summe			2405	95

Der Kostenberechnung aller Arbeiten und Materialien ist eine Zusammenstellung nach Formular F (vgl. S. 25) beizufügen.

11. Vorschriften aus der Garnison-Bauordnung.

a) Anweisung für die Bearbeitung der Bauentwürfe.*)

Vorbemerkung.

Jeder Entwurf muß eine übersichtliche und sichere Grundlage für die Prüfung, Ausführung und Abrechnung gewähren.

Die nachstehenden Bestimmungen beziehen sich zwar zunächst auf größere Neu- und Umbauten, sind jedoch unter entsprechender Vereinfachung auch für kleinere Bauausführungen anzuwenden.

Bei den Entwürfen für Schießstandsanlagen sind die in der Schießstands-Ordnung enthaltenen Bestimmungen zu beachten.

Abweichungen hiervon sind zwar überall zulässig, wo nach dem Ermessen der Aufsichtsbehörde die besonderen Verhältnisse dies bedingen, sind dann aber in den betreffenden Erläuterungsberichten stets zu begründen.

Vorentwurf.

Zweck.

Der Vorentwurf soll hinsichtlich aller wichtigeren Verhältnisse — Stellung der Gebäude, Zugänglichkeit, Entwässerung, Grundrisse, Aufrisse usw. — die Unterlage für den späteren Bauentwurf enthalten, die Angemessenheit der Anordnungen nachweisen und gleichzeitig einen Anhalt für die überschlägliche Ermittelung der Baukosten gewähren.

Bei größeren Bauten besteht derselbe aus:

1. den Zeichnungen,
2. dem Erläuterungsbericht und
3. dem Kostenüberschlage.

Allgemeine Bestimmungen.

Den Bauplänen, welche die Baulichkeiten im einzelnen darstellen, ist ein Lageplan und ein Übersichtsplan beizugeben.

Festungswerke dürfen nicht eingetragen werden.

---

*) Auszug aus der Garnison-Bauordnung (Mittler & Sohn — Berlin 1896), Vorschriften vom 4. Juni 1896.

In jedem Lageplan muß die Nordlinie angegeben sein.

Die in dem Entwurf beabsichtigten Änderungen, welche die vorhandenen Grenzen, Höhenverhältnisse, Wege, Wasserläufe usw. erfahren, sind mit Zinnoberrot einzutragen, nicht mit Karmin oder Blau, welche Farben ausschließlich von den Prüfungsstellen angewendet werden.

Für die Lage-, Übersichts- und Höhenpläne sind die Vorschriften der Zentraldirektion der Vermessungen im Preußischen Staate maßgebend, worauf die betreffenden Feldmesser hinzuweisen sind.

Der Maßstab ist in der Regel nicht unter 1 : 1000, jedoch stets in einfachem Zahlenverhältnis (in wichtigen Fällen 1 : 500) zu wählen.

Lageplan.

Der Lageplan muß ein zutreffendes Bild der Baustelle gewähren, namentlich aber alle für die Bebauung wichtigeren örtlichen Verhältnisse mit hinreichender Deutlichkeit erkennen lassen, insbesondere die Begrenzung der Baustelle mit den darauf bezüglichen Längen- und Winkelmaßen, ihre nächste Umgebung, die vorhandene Bebauung und die etwa einzuhaltenden Baufluchten sowie die Himmelsrichtung usw.

Zur Vollständigkeit des Lageplanes gehört ferner die Angabe aller für die Bebauung wichtigen Höhenunterschiede. Diese Höhenangaben sind stets auf einen gemeinschaftlichen — zur Vermeidung negativer Bezeichnungen hinreichend tief angenommenen — Horizont zu beziehen und nebst den Festpunkten, an welche die Höhenmessung angeschlossen ist, an der durch einfache Kreise (die Festpunkte durch Doppelkreise) bezeichneten Stelle (die vorhandenen Höhen schwarz, die Wasserstände in Brunnen, Bohrlöchern und Wasserläufen kobaltblau) einzutragen. Dasselbe gilt für die Eintragung der Bodengestaltung und Entwässerung.

In dem Lageplan sind ferner alle Baulichkeiten nach ihren in den Bauplänen gegebenen Größen sowie die zugehörigen Nebenanlagen, Wege, Zugänge, Gärten, Hof-, Vor-, Appell- und Übungsplätze, Brunnen, Umwehrungen — mit den zur Ausgleichung vorhandener Höhenunterschiede erforderlichen Bauwerken (Rampen, Treppen, Futtermauern, Böschungen) zu einem übersichtlichen Gesamtbilde vereinigt — darzustellen.

Lagepläne für Grundstückserwerbungen.

Die bei Grundstückserwerbungen zum Nachweis der Auskömmlichkeit und Verwendbarkeit eines Bauplatzes verlangten Lagepläne sind in gleicher Weise zu behandeln, nur werden hier die Baulichkeiten nach ihren ungefähren Abmessungen, zutreffendenfalls unter Benutzung vorhandener Normalentwürfe, eingetragen. Der Maßstab kann in solchen Fällen auf 1 : 1000 beschränkt werden.

Übersichtsplan.

Der dem Lageplan (siehe „Allgemeine Bestimmungen") stets beizugebende Übersichtsplan dient zur Angabe der Lage der Baustellen in ihrer weiteren Umgebung.

Derselbe muß daher alles dasjenige enthalten, was zur Beurteilung der Verkehrs-, Betriebs- und Entwässerungsverhältnisse von Bedeutung ist.

Zu diesen Übersichtsplänen sind in der Regel bereits vorhandene Stadtpläne, Generalstabskarten, bei den Bauten der größeren technischen Institute die vorhandenen umgedruckten Fabrikpläne zu benutzen.

Baupläne.

Die Baupläne des Vorentwurfs, welchen der Plan für die künftige Bodengestaltung (siehe den später folgenden Abschnitt über Bodengestaltung) beizufügen ist, bestehen aus den Grundrissen für sämtliche Geschosse im Maßstabe von 1 : 400 bis 1 : 500 und in wichtigeren Fällen noch aus Aufriß und Querschnitt in demselben oder in etwas größerem Maßstabe.

Die Grundrisse, in denen die Himmelsrichtung ersichtlich zu machen ist, sind unter Berücksichtigung der Mauerstärken aufzutragen und mit den erforderlichen Maßen und Raumbezeichnungen zu versehen.

Bei einfacheren Entwürfen mit annähernd gleicher Raumverteilung in den verschiedenen Geschossen genügt es, wenn nur das Erdgeschoß unter Berücksichtigung der Mauerstärken aufgetragen wird, die übrigen Grundrisse dagegen in einfachen Linien, jedoch unter Andeutung der Türen und Fenster zur Darstellung gelangen.

Um der Prüfungsstelle die Übersicht über die Gesamtordnung nach Möglichkeit zu erleichtern, empfiehlt es sich, bei umfangreichen Bauten für die verschiedenen Gebrauchszwecke besondere Farbenbezeichnungen in den Grundrissen anzuwenden und die bezüglichen Räume dementsprechend anzulegen. Hierbei ist zu beachten, daß

1. die Wohnungen von Offizieren, Ärzten und Apothekern — gelbe,
2. die Wohnungen der Verheirateten im Range der Feldwebel und Unteroffiziere sowie die Einzelstuben der Chargierten (Portepee-Fähnriche, Vize-Feldwebel, Unteroffiziere) — blaue,
3. die Wohnungen der Verwaltungsbeamten (Kasernen- und Lazarettinspektoren, Rendanten, Kasernen- und Krankenwärter und sonstiger Unterbeamten) sowie auch der Marketender — braune,
4. die Offizier-Speiseanstalten nebst Zubehör (Küche, Wohnung des Ökonoms) — rote,
5. die Gänge, Vorräume und Treppen, überhaupt die sämtlichen Verkehrsräume — neutrale Tönung erhalten, während
6. alle übrigen Räume, also bei Kasernen u. a. die Mannschaftsstuben, die Kasernenwachen, Handwerkerstuben und Montierungskammern,

bei Lazaretten die Krankenstuben und Polizei-Unteroffizierstuben, Rezeptionszimmer, Dispensieranstalt,

bei Gefängnissen Arbeits- und Schlafsäle, Gerichtszimmer,

bei den Unterrichtsgebäuden die Unterrichtsräume,

in allen Fällen auch die Vorratsgelasse, Badestuben, Koch- und Speiseanstalten sowie die gemeinschaftlicher Benutzung überwiesenen Waschküchen und Bedürfnisanstalten — ohne Farbe, also weiß zu belassen sind.

Bezüglich der Unterbringung für Mann und Pferd gelten folgende Einzelbestimmungen:

a) die wichtigsten Aufrisse, die Quer- und Längsschnitte sind stets beizufügen und die sämtlichen Grundrisse unter Berücksichtigung der Mauerstärken aufzutragen. In allen Räumen ist der Flächeninhalt derselben anzugeben.

Die geprüfte Raumbedarfsnachweisung und die Benutzungsübersicht, aus welcher die Ausnutzung der einzelnen Geschosse klar ersichtlich sein muß, sind nicht nur bei größeren Bauten, sondern jedem Vorentwurf beizufügen.

b) Nebenanlagen usw.

Einebnung. Ein allgemeiner Nivellementsplan des Bauplatzes und eine überschlägliche Berechnung der zu bewegenden, an- und abzufahrenden Bodenmassen ist mit vorzulegen.

Befestigung. Außer den Angaben über die künftige Höhenlage der Gebäude und Hofflächen ist in den Lageplänen auch kenntlich zu machen, welche Flächen gepflastert, bekiest, berast usw. werden sollen. Die Kosten hierfür sind auf Grund überschläglicher Flächenberechnungen zu ermitteln.

Entwässerung. In die Lagepläne sind nicht nur der Stammkanal, sondern auch die Hauptleitungen auf dem Bauplatz selbst einzutragen und die ungefähren Gesamtlängen dieser Leitung zu ermitteln. Der Berechnung der Kosten der Entwässerungsanlagen ist der Durchschnittpreis für 1 m der Leitung einschließlich der kurzen Anschlüsse an die Regenrohre, Gullys, Zapfstellen usw. sowie der Revisionsschächte, Gullys und Zapfstellen selbst zugrunde zu legen.

Umwehrung. Die Umwehrungen müssen in ihrer verschiedenen Herstellungsweise auf den Lageplänen kenntlich gemacht und nach laufenden Metern veranschlagt werden.

Erläuterungsbericht.

Der dem Vorentwurf beigegebene Erläuterungsbericht muß (auf gebrochenem Bogen) in gedrängter Fassung alles enhalten, was für die allgemeinen Grund-

8*

züge des Entwurfs von Wichtigkeit ist, und im übrigen nach Form und Inhalt dem Erläuterungsbericht für den Bauentwurf (siehe S. 4) entsprechen.

Unter Anführung der bezüglichen Verfügungen ist über die dienstliche Veranlassung zur Aufstellung des Entwurfs, insbesondere auch über Zweck und Bestimmnng des Baues sowie über die in wirtschaftlicher und militärischer Beziehung zu stellenden Anforderungen kurz zu berichten.

In übersichtlicher Weise sind die Ergebnisse der örtlichen Untersuchung der Baustellen — u. a. also die Angaben über Beschaffenheit des Baugrundes, Oberflächengestaltung, Verkehrsverhältnisse, Höhe des Grundwasserstandes, Trinkwassergewinnung, Entwässerung, grenznachbarliche Beziehungen, baupolizeiliche Beschränkungen usw. — zusammenzustellen und hiernach bestimmte Vorschläge über die dadurch bedingten baulichen Maßnahmen, kurz über alles dasjenige anzuschließen, was für weitere Entwurfsarbeiten von maßgebender Bedeutung ist.

Der Erläuterungsbericht muß ferner Auskunft geben über die Gründe, welche sowohl für die Stellung der Baulichkeiten als für die Anordnung und Größenverhältnisse der Räume sowie für Anzahl und Höhe der Stockwerke bestimmend gewesen sind.

Als Anlage ist dem Erläuterungsbericht bei größeren Bauten eine Abschrift der Raumbedarfs-Nachweisung*) und eine nach dieser Aufstellung gefertigte Benutzungsübersicht beizufügen.

Der Erläuterungsbericht zum Vorentwurf über Unterbringungsgebäude für Mann und Pferd muß über die beabsichtigte Bauweise, Konstruktionen und die zu verwendenden Baustoffe eingehende Angaben enthalten.

Die Feststellung von Vorentwürfen, Bauanschlägen und Bauentwürfen über Unterbringungsgebäude für Mann und Pferd — Kasernen und Ställe — ohne Rücksicht auf die Höhe des Kostenbetrages erfolgt durch die Korpsintendantur. Es sind hierbei einbegriffen:

I. alle Garnisoneinrichtungen mit Ausnahme
   a) der Garnisonkirchen,
   b) der Dienstwohnungen, Dienst- und Bureaugebäude,
   c) der Offizier-Speiseanstalten,
   d) der Zentral-Garnison-Waschanstalten,
   e) der Arresthäuser,
   f) der Schießplätze und Schießstände,

und ferner

---

*) Hierunter ist nach § 32 der Garnison-Bauordnung zu verstehen:
   a) Nachweis der Zahl bzw. des Umfangs der unterzubringenden Köpfe, Pferde, Fahrzeuge, der Vorräte, des Materials usw.
   b) Berechnung des sich aus a ergebenden Raumbedarfs,
   c) die beabsichtigte Verteilung der Räume auf die zu errichtenden Gebäude.

II. die Stallbauten auf den Remontendepots.

Die unter b und e erwähnten Anlagen werden jedoch nur dann ausgenommen, wenn sie aus besonderen — nicht mit einem Kasernenbau vermischten — Fonds erbaut werden.

Die Offizier-Speiseanstalten sind dann ausgenommen, wenn für dieselben besondere Gebäude hergestellt werden. (§ 2 der Garnisonbau-Ordnung.)

Kostenüberschlag.

Die Aufstellung des Kostenüberschlages erfolgt nach allgemeinen Erfahrungsgrundsätzen (bei Gebäuden in der Regel nach Quadratmetern der zu bebauenden Grundfläche, bei Mauern, Zäunen usw. nach laufenden Metern), während diejenigen Verhältnisse, welche nach dem Erläuterungsbericht verteuernd auf die Ausführung wirken (künstliche Fundierungen, sonstige Bauerschwernisse, Ablösung von Grenzgerechtigkeiten usw.) durch anzugebende Zulagen zu berücksichtigen sind.

Die Nebenanlagen sowie die Kosten der Entwurfsbearbeitung, der Bauführung usw. werden in der Regel nach einem auf ungefährer Schätzung beruhenden Bauschbetrage zusätzlich mit in Berechnung gezogen. Am Schlusse bleibt anzugeben, wie hoch sich voraussichtlich die Kosten für die Nutzeinheit (für den Kopf eines Kasernierten oder eines Gefangenen, für einen Pferdestand, ein Krankenbett, einen Wagen, einen Abtrittsitz) belaufen.

Zum Kostenüberschlag für die Unterbringungsgebäude für Mann und Pferd ist folgendes zu beachten:

a) neben den Einheitspreisen sind diejenigen Preise zu vermerken, welche sich bei Ausführung gleichartiger Baulichkeiten des Korpsbezirks im Laufe der letztvergangenen Jahre ergeben haben;
b) für Bewässerung und Beleuchtung sind Bauschbeträge nach schätzungsweisen Ermittelungen einzustellen;
c) die Bauausführungskosten sind speziell zu veranschlagen.

Bauentwurf.

Allgemeine Bestimmungen.

Der Bauentwurf soll nicht nur als Grundlage für die Geldbewilligung, Verdingung, zur Abrechnung, sondern auch als Richtschnur für die Bauausführung dienen.

Jeder Entwurf besteht aus:

1. den Zeichnungen (Lage- und Höhenpläne, Pläne für Bodengestaltung und Entwässerung, Bauzeichnungen und Teilzeichnungen;
2. dem Erläuterungsbericht;
3. dem Bauanschlag (mit Massen-, Materialien-, Kosten- und statischer Berechnung).

Wenn eine Bauanlage verschiedene Baulichkeiten umfaßt, so ist außer dem allgemeinen noch ein besonderer Erläuterungsbericht nebst Anschlag zu fertigen. Ebenso sind die Entwurfszeichnungen nach den verschiedenen Baulichkeiten möglichst getrennt zu behandeln. Reihenfolge:

a) Hauptgebäude, b) Nebengebäude, c) Umwehrungen usw.,
d) Einebung und Befestigung, e) Entwässerungsanlagen,
f) Brunnen und sonstige Wasserversorgungsanlagen.

Die Kosten für Bauleitung und Entwurfsbearbeitung sind bei derartigen, verschiedene Baulichkeiten umfassenden Bauanlagen der Regel nach in einem besonderen Anschlage zu berechnen.

Bauanschlag.

Der Bauanschlag setzt sich zusammen aus:

1. der Massenberechnung (Seite 7), 2. der Materialberechnung,
3. der Kostenberechnung (Seite 13).

Bei Bauten im Kostenbetrage bis zu 5000 M. sowie bei solchen, deren Massen- und Materialberechnungen wenig umfangreich werden, kann die Ermittelung derselben in der Kostenberechnung den einzelnen Vordersätzen unmittelbar vorangestellt werden.

Massenberechnung.

Allgemeine Vorschriften.

Die Massenberechnungen erstrecken sich in der Regel auf:

a) die Erdarbeiten, b) die Arbeiten des Maurers, c) des Steinmetzen, d) des Zimmermannes, e) die Eisenarbeiten. (Massenberechnung der Maurerarbeiten, Seite 8.)

Bei längeren Zahlenreihen sind die Zahlen nicht neben-, sondern untereinander zu setzen. Überflüssige Wiederholungen von Rechnungsansätzen sind durch Bezugnahme auf frühere Ansätze zu vermeiden.

Alle aus der Zeichnung unmittelbar durch einfaches Zusammenzählen zu entnehmenden Gegenstände bleiben von der Massenberechnung in der Regel ausgeschlossen.

a) Erdarbeiten.

Für die Baugrube: durchschnittliche Tiefe bis Unterkante Kellerfußboden. Außenmaße des untersten Mauerabsatzes unter Hinzurechnung eines angemessenen Arbeits- und Böschungsraumes (je nach der Bodenart und Baugrubentiefe nicht unter 30 cm und nicht über die halbe Ausschachtungstiefe breit) für die Fundamentgräben zugrunde zu legen. Erdaushub der Mauerabsätze unter Hinzurechnung eines der Bodenbeschaffenheit anzupassenden Bruchteils der Mauern für Arbeitsräume zu berechnen.

Künstliche Fundierung in einem besonderen Abschnitt (Sandschüttung, Roste, Verankerung usw.).

b) Maurerarbeiten.

Geschoßhöhen von Oberkante bis Oberkante Fußboden.

Bruchsteinmauerwerk in ganzen oder vollen Dezimetern anzunehmen.

Ziegelmauer: Stärke siehe Seite 8.

Abweichungen sind zu begründen. Bezüglich der übrigen Arbeiten siehe Seite 9.

Steinmetzarbeiten.

Die Vorschriften sind inhaltlich übereinstimmend mit den Vorschriften auf Seite 10.

Zimmerarbeiten.

Die Vorschriften entsprechen den Bestimmungen auf Seite 10. Es ist jedoch hinzugefügt, daß am Schluß der Holzberechnung die Längen zusammenzufassen und den gefundenen Zahlen 3 % für Verschnitt usw. hinzuzurechnen sind. Hiernach wird der Kubikinhalt ermittelt.

Eisenarbeiten.

Für die größeren Eisenverbindungen sind auf Grund der dem Erläuterungsbericht angeschlossenen Festigkeitsberechnungen die Abmessungen der einzelnen Teile festzustellen. Die Massen sind demnächst nach den zu beschaffenden Eisensorten bezw. nach der verschiedenen Verwendungsweise getrennt — in Kilogramm — ohne Bruch in vollen Zahlen — zu ermitteln.

Materialberechnung.

In der Regel nur für Maurerarbeiten erforderlich.

Bedarf an Profilsteinen, Ziegeln, Mörtel für Gesimse, Fenstereinfassungen usw. besonders (für das Meter oder Stück) zu ermitteln.

Für Verputzen der Türen, Fenstern, Fußleisten, Nachbesserung des Putzes usw. ist nichts zu berechnen.

Am Schluß der Materialberechnung ist für Bruch, Verlust und Abrundung 3 bis 5 % zuzuschlagen. Nebensächliche Materialien (Rohr, Rohrnägel, Draht, Gips) sind nicht anzusetzen, vielmehr im Anschlagspreis zu berücksichtigen.

Bei Kalkmörtel in gemischtem Zustande ist der Mörtelbedarf bei jedem Ansatz anzugeben, desgleichen, wenn von den üblichen Annahmen (Seite 11 bis 12) abgewichen wird. Alsdann sind die Erfahrungssätze anzugeben, nach denen der Bedarf an Kalk, Zement, Traß, Sand usw. für die Mörtelsorten berechnet ist (Seite 31).

Kostenberechnung.

Allgemeine Vorschriften.

Dieselben decken sich inhaltlich mit den Angaben auf Seite 13.

Hinzuzufügen ist folgendes:

Zur Vermeidung von Wiederholungen sind Nebenleistungen, für welche keine besondere Entschädigung gezahlt wird, am Kopfe jedes Abschnittes unter „Bemerkung“ aufzuführen. Hier ist auch die Berechnungsart der Vordersätze zu erläutern, damit bei der Vergebung der Arbeiten die Vorlage der Massenberechnung entbehrt werden kann.

Vordersätze sind auf mindestens 2 Dezimalstellen zu kürzen. Bei Ausrechnung der Geldbeträge werden Bruchteile von 1/2 Pfennig und darüber zu ganzen Pfennigen abgerundet.

Erdarbeiten.

Deckt sich inhaltlich mit den Angaben auf Seite 8.

Maurerarbeiten.

Bei Berechnung des Arbeitslohnes ist das Mauerwerk voll zu berechnen.

Freistehende Schornsteine nach Metern der Höhe oder nach dem Rauminhalt einschl. der Ausfugung, des Verputzens und des Kopfes. Für reichere Schornsteinköpfe Zulage.

Äußere Verblendungen mit Ziegeln sind nach dem Flächeninhalt ohne Abzug der Öffnungen, Gesimse usw. zu berechnen einschl. einfach gegliederter Pfeiler, Fenstereinfassungen, Reinigen und Ausfugen. Gesimse aus Verblendsteinen, Profil- oder Formsteinen sind nach laufenden Metern, das Versetzen von reich gegliederten Fenstergewänden, Verdachungen, Säulen, Füllungen und ähnlichen Bauteilen mit Zusatzpreisen für das Stück. Sind einzelne Teile von anderem Material (Verblendziegel, Haustein, Kunststein, Mörtelputz usw.), so werden die von jenem andern Material eingenommenen Flächen mit den von ihnen etwa umschlossenen Öffnungen von den gesamten Ansichtsflächen in Abzug gebracht. (Auch für die in Putz auszuführenden Gebäudeansichten bestimmend.)

Größere Rüstungen nach Metern der Gebäudeansichten. Abgebundene Rüstungen sind bei den Zimmerarbeiten zu veranschlagen.

In die Preise für Maurerarbeiten sind mit einzurechnen:

Tür-, Fenster- nnd Gurtbogen sowie Entlastungsbogen, Ausmauern des Abstandes der Ortbalken, Bekleidung der Balken längs der Schornsteinkästen mit Dachsteinschichten, Verputzen der Fußleisten und Ofenröhren, Putzen der Ecken in Zementmörtel, Brechen der Putzkanten, Verputzen der Stuck- und Tonverzierungen, Nachbessern des Putzes, Verzwicken des Bruchsteinmauerwerks, Abgleichen des Bruchsteinmauerwerks, Isolierung der Balkenköpfe, Gewölbehintermauerung, Bereiten bzw. Verarbeiten von Zementmörtel und Klinkern nach Vorschrift, Zusatz von Zement zum Kalkmörtel, Bewegung der Materialien von der Lagerstelle zur Verwendungsstelle, Mörtelbereitung, Wasserbeschaffung, An- und Abfuhr von Arbeitsgeräten und leichten, beweglichen Rüstungen, Anfertigung und Vorhaltung der Lehrbogen, Bewachung der Geräte und Rüstungen, Verpflichtung, die bedingungsmäßig herzustellenden Rüstungen auch anderen Bauhandwerkern so lange zur Mitbenutzung zu überlassen, als sie zu den Vertragsarbeiten derselben erforderlich sind.

Besondere Leistungen, namentlich alle selbständigen Arbeiten und alle in der bedungenen Arbeit nicht herkömmlich einbegriffenen Nebenleistungen sind mit angemessenen Zulagen zu berücksichtigen. Hierzu gehören u. a.:

Luftisolierschichten, Aufstellen von Türzargen, Einstemmen von Dübeln, Anlegen, Verputzen und Verfugen von Schornstein-, Heiz- und Ventilationsröhren, Vermauern der Zug- und Balkenanker, das Verlegen und Spannen bzw. Anschlagen derselben, Einmauern und Vergießen der Pfannen, Mauerglobcn und Schließhaken von Türen und Toren, Abfasen der Mauerwerksecken, Schlämmen und Weißen der geputzten Flächen, Versetzen, Verlegen und Vermauern von eisernen Trägern, Vergießen von Unterlagsplatten usw.

Maurermaterialien.

Dieselben sind einschl. des Aufsetzens und der Anfuhr bis zu dem bezeichneten Platze zu berechnen. Der Kalk wird nach Kubikmetern, Zement nach Kilogramm Reingewicht oder Litern veranschlagt.

Steinmetzarbeiten.

Dieselben sind in der Regel einschl. der Hausteinlieferung und des Versetzens zu berechnen. Kann letzteres nicht vom Lieferanten bewirkt werden, so sind bei jedem Ansatz die Einheitspreise, auch für Bearbeitung und Versetzen getrennt, aufzuführen.

Anfertigung der Schablonen, Nacharbeiten und Reinigen der Werkstücke Lieferung und Einsetzen der Dübel usw. ist mit einzubegreifen, ebenso Heranschaffen, Aufbringen der Werkstücke einschließlich aller Hebegerätschaften.

Alle zum Versetzen erforderlichen Maurermaterialien sind bei der Maurermaterial-Berechnung, wenn nicht anders, in Bauschbeträgen, mit zu berücksichtigen.

Die vom Maurer zu leistende Hilfe muß, wo darauf verwiesen wird, nach Art und Umfang genau begrenzt und veranschlagt werden.

Zimmerarbeiten und Material.

Deckt sich mit den Vorschriften auf Seite 17.

Stakerarbeiten.

Wie in der Vorschrift auf Seite 18 angegeben.

Schmiede- und Eisenarbeiten.

Die Schmiede- und Gußarbeiten werden in der Regel unter Angabe der Stückzahl und der Abmessungen nach Gewicht, in besonderen Fällen (kleine Eisentürchen, durchbrochene Treppenstufen usw.) unter Angabe der Stärke nach der Stückzahl veranschlagt, nötigenfalls unter Angabe des innezuhaltenden Minimalgewichtes.

Für größere Eisenarbeiten ist der Preis für 1000 kg anzugeben. Reinigen von Rost sowie Grundanstrich sind bei der Preisbemessung zu berücksichtigen.

Bei zusammengesetzten Konstruktionen ist auch für 1000 kg die Verbindung und Aufstellung sowie Vorhaltung der Rüstungen mit einzubegreifen.

Versetzen einzelner eiserner Säulen, Verlegen von Trägern ist Sache des Maurers und nebst der Untermauerung für 1000 kg der gleichartigen Arbeit in dem betreffenden Abschnitt zu veranschlagen.

Dachdeckerarbeiten.

Inhaltlich wie in den Vorschriften auf Seite 19. Hinzuzufügen ist folgendes: Für glatte Dachsteine (Biberschwänze) ist das Normalformat vorzuschreiben: Länge 365 mm, Breite 155 mm, Stärke 12 mm, Abweichungen in der Länge um 5 mm, in der Breite von 3 mm sind zulässig. (Art der Berechnung siehe Seite 31.)

Klempnerarbeiten.

Inhaltlich wie auf Seite 20 angegeben.

Tischlerarbeiten.

In den Preisen ist stets die Einpassung und Lieferung der zugehörigen Bretter, Nägel usw. mit einbegriffen.

Fenster, Türen und dgl. sind in der Regel nach dem Flächeninhalt der Lichtöffnung zu veranschlagen. Bei den Fenstern sind die Rahmen, Fensterbretter usw. mit einbegriffen. — Türfutter, Schwellbretter und Verkleidungen einschl. der Anbringung und Befestigung werden besonders, erstere nach dem Flächeninhalt, letztere nach Metern berechnet.

Für die Lichtmaße sind bei Bogen die Höhen im Scheitel zu messen und voll in Rechnung zu stellen. Wandtäfelungen, Fußböden und ähnliche Arbeiten nach qm.

Schlosserarbeiten.

Tür- und Fensterbeschläge nach Stückzahl. Wo wie bei schmiedeeisernen Toren usw. die Lieferung nach Gewicht erfolgen soll, sind die Beschläge mit einzurechnen. Reinigung von Rost, Grundanstrich, Ölen der Beschlagteile werden nicht vergütet.

Glaserarbeiten.

Für die Glaserarbeiten sind die bei den Tischlerarbeiten ermittelten lichten Abmessungen der Fenster, Oberlichte und sonstiger verglaster Flächen ohne Abzug des Rahmen- und Sprossenwerkes zugrunde zu legen. Die Glassorte ist genau zu bezeichnen.

Anstreicher- und Tapeziererarbeiten.

Die Malerarbeiten werden in der Regel nach den Hauptansichtsflächen berechnet. Bei Anstrich der Fenster, Oberlichte und Glastüren wird bei beiderseitigem Anstrich die einfache, für den einseitigen die halbe, aus den Lichtmaßen sich ergebende Fläche voll berechnet. Rahmen und Fensterbretter sind hierbei in der Regel mit eingeschlossen. Bei außergewöhnlichen Breiten der Fensterbretter können für diese besondere Abmachungen getroffen werden.

Eiserne Gittertüren, Gitter und Lattenverschläge sind als zweiseitige Flächen, Schutzgeländer nach Metern zu veranschlagen.

Bei den Tapeziererarbeiten ist die Lieferung der Tapeten und Borten, getrennt vom Arbeitslohn, letzteres erforderlichenfalls einschl. der Papierunterlage nach der Stückzahl der zur Verwendung kommenden Tapeten-Rollen zu veranschlagen.

Stuckarbeiten.

Stuckarbeiten sind einschl. des Anbringens und Befestigens und in der Regel einschl. der Modellkosten zu berechnen. Bei Arbeiten im Innern sind im allgemeinen runde Summen für jeden Raum anzusetzen unter Angabe der beabsichtigten Ausstattung. Stuckarbeiten für Putzbauten wie Fassadenteile aus Haustein. (Seite 21.)

Ofenarbeiten, Sammelheizungen und Lüftungsanlagen, Wasch- und Kochküchen, Desinfektionsvorrichtungen.

Gewöhnliche Öfen und Kochherde kommen stückweise unter Angabe der Größe und Ausstattung einschl. der Aufstellung und Lieferung der Eisenteile sowie sämtlicher Materialien in Ansatz.

Sammelheizungen sind bis zur Aufstellung eines besonderen Anschlags für 100 cbm des zu heizenden Raumes zu veranschlagen. Hierbei werden in der Regel von den Maurerarbeiten diejenigen, welche sich auf Einmauerung der Kessel und Heizapparate beziehen, nebst den Stemmarbeiten und den hierzu erforderlichen Materialien mit einzuschließen sein, während Luftschlote, Rauchrohre, Luftzuführungskanäle und ähnliche, gleichzeitig mit dem Rohbau auszuführende Anlagen bei den Maurerarbeiten bezw. Maurermaterialien zu berücksichtigen sind.

Beleuchtungs- und Wasseranlagen, Brunnenmacher-Arbeiten.

Die Arbeiten sind bei diesem Abschnitte nacheinander in 3 Unterabteilungen a, b, c gesondert aufzuführen und für sich aufzurechnen.

Im übrigen siehe Seite 22 der Dienstanweisung.

Steinsetzerarbeiten.

Eine Aufstellung erfolgt nur dann in Verbindung mit den übrigen Arbeiten und Lieferungen, wenn sie in ihrer Gesamtheit als Zubehör der letzteren aufgefaßt werden kann. Dagegen bedarf es einer besonderen Kostenberechnung da, wo dieselben, wie bei Entwürfen zu größeren Bauanlagen, mit den sonstigen Befestigungsarbeiten einen selbständigen, keine Teilung zulassenden Abschnitt der Gesamtausführung bilden.

Bauausführungskosten — Kassenvergütung.

Siehe Seite 22 der Dienstanweisung.

Unter Umständen gehören auch hierher die Entschädigung für Dienstreisen des Garnisonbaubeamten, des Intendantur- und Baurats usw. Bedarf es der Erbauung eines besonderen Gebäudes für die Baubureaus, so ist der hierfür angesetzte Betrag in einer Anlage diesem Abschnitt beizufügen.

In dem Abschnitt „Kassenvergütungen" werden die laufenden Zulagen (Kassenvergütungen) für die Kassenverwalter nachgewiesen.

Insgemein.

Siehe die Dienstanweisung Seite 22. Es ist noch hinzuzufügen, daß die Schlußsummen der einzelnen Anschlagsabschnitte nicht abgerundet werden.

b) Zusammenstellung des Maurer-Materialbedarfes

nach der Garnison-Bauordnung vom 4. Juni 1896.

Gegenstand der Berechnung	Bruch- und Feldsteine cbm	Mauerziegel Stück	Mörtel l	Gel. Kalk l	Sand zum Kalk l	Zement l	Sand zum Zement l	Bemerkungen
Es sind erforderlich:								Die Liste für gelöschten Kalk bezieht sich auf Rüdersdorfer Steinkalk. 1 l Portland-Zement wiegt durchschnittlich 1,3 kg. Zu 1 bis 5 liegt den Bedarfsangaben für Kalk und Sand ein Mischungsverhältnis von 1 : 2½ zugrunde. In Gegenden, wo Traßmörtel verwendet wird, gelten für gewöhnliches Keller- und Fundamentmauerwerk folgende Sätze für 1 cbm volles Mauerwerk: 400 Ziegel, 120 l Kalk, 120 l Sand, 180 l Traß. Zu 1 cbm Ziegelmauerwerk in verlängertem Zementmörtel, Mischungsverhältnis 1:1:4 400 Ziegel, 72 l Kalk, 72 l Zement, 288 l Sand. Zu 1 cbm Stampfbeton, Mischungsverhältnis 1:3:6 150 l Zement, 450 l Sand, 0,90 cbm Steinschlag oder grober Kies.
1. Für Bruch- und Feldsteinmauerwerk.								
Zu 1 cbm vollem Mauerwerk aus Bruch- oder Feldsteinen	1,25 bis 1,30		335	120	300	110	330	
2. Für Ziegelmauerwerk.								
Zu 1 qm Mauerw. ½ St. stark		50	28	10	25	9	27	
„ 1 „ „ 1 „ „		100	68	24	60	23	69	
„ 1 „ „ 1½ „ „		150	110	39	97	37	112	
„ 1 „ „ 2 „ „		200	149	53	133	51	153	
„ 1 „ „ 2½ „ „		250	188	67	168	65	195	
„ 1 „ „ 3 „ „		300	230	82	205	79	237	
„ 1 „ „ 3½ „ „		350	270	96	280	93	279	
„ 1 „ „ 4 „ „		400	310	110	275	107	296	
Zu 1 cbm vollem Mauerwerk in verschiedenen Stärken durchschnittlich		400	290	102	254	97	291	
Zum Vermauern von 1000 Mauersteinen in vollem Mauerwerk durchschnittlich		1000	725	255	635	243	728	
Zum Vermauern von 1000 Steinen in Schornsteinen einschl. Abfilzen und Rapp-Putz der Außenseiten		1000	935	330	820			

Gegenstand der Berechnung	Mauerziegel	Mörtel l	Gel. Kalk l	Sand zum Kalk l	Zement l	Sand zum Zement l	Bemerkungen
3. Für Fachwerkswände.							Bei nebenstehenden Bedarfsangaben ist von der Annahme ausgegangen, daß Stiele und Riegel etwa 1,25 m von Mitte zu Mitte voneinander entfernt sind, und daß die Stärke des Verbandholzes 14 bis 20 cm beträgt.
Zu 1 qm ½ Stein starker Ausmauerung in Fachwerkswänden nach Abzug der Öffnungen	38	Im Durchschnitt 21	8	20	7	20	
Zu 1 qm ½ Stein starker Ausmauerung und ½ Stein starker Verblendung der Fachwerkswände nach Abzug der Öffnungen	88	Im Durchschnitt 56	20	50	19	55	
4. Für Verblendung.							
Zu 1 qm Verblendung mit ganzen Steinen	77	53	18	45	17	51	
Zu 1 qm Verblendung mit ½ und ¼ Steinen (Köpfen und Riemchen)	½ St. 55 ¼ St. 55	43	15	38	13	39	
5. Für Pflasterungen mit Mauerziegeln.							
Zu 1 qm flachseitigem Pflaster auf Sandbettung mit ausgegossenen Fugen	32	3	1	2,5	1	3	
		+ 100 l Füllsand					
Zu 1 qm flachseitigem Pflaster mit 12 mm starker Mörtelbettung	30	19	7	17	6	18	
Zu 1 qm flachseitigem Pflaster, auf Sandbettung in Mörtel gelegt	30	8	3	7,5	2,5	7,5	
			+ 100 l Füllsand				
Zu 1 qm flachem Pflaster, mit Zement auszufugen		6			2	6	
Zu 1 qm hochkantigem Pflaster, in Sand gelegt mit ausgegossenen Fugen	56	11	4	10	3,5	11	

Gegenstand der Berechnung	Mauerziegel	Mörtel l	Gel. Kalk l	Sand zum Kalk l	Zement l	Sand zum Zement l	Bemerkungen
Zu 1 qm hochkantigem Pflaster mit 10 mm starken Stoßfugen und Mörtelbettung	52	31	11	27	10	30	
Zu 1 qm hochkantigem Pflaster, auf Sandbettung in Mörtel gelegt	52	20	7	17	6	18	
6. Für Gewölbe, in der Ebene gemessen, ausschl. Hintermauerung.							**Das Mischungsverhältnis des Kalkmörtels ist bei den Wölb- und Putzarbeiten Nr. 6 und 7 durchschnittlich wie 1:2 angenommen.**
Zu 1 qm halbkreisförmigem Tonnengewölbe, ½ Stein stark, durchschnittlich	84	39	16	32	13	39	
Zu 1 qm halbkreisförmigem Tonnengewölbe, 1 Stein stark, durchschnittlich	170	100	41	82	32	96	
Zu 1 qm gedrücktem Tonnengewölbe, ½ Stein stark, durchschnittlich	70	34	14	28	11	33	
Zu 1 qm desgleichen, 1 Stein stark, durchschnittlich	152	84	35	70	27	81	
Zu 1 qm flachem Kappengewölbe, ½ Stein stark	54	26	11	22	9	27	
Zu 1 qm flachem Kappengewölbe, ½ Stein stark, auf Schwalbenschwanz gewölbt	60	28	11,5	23	9	27	
Zu 1 qm desgleichen, ½ Stein stark, mit Verstärkungsrippen, 1½ Stein breit, ½ Stein vorspringend, alle 2 m einen Verstärkungsgurt	65	32	13	26	10	30	
Zu 1 qm flachem böhmischen Kappengewölbe	56	32	13	26	10	30	

Gegenstand der Berechnung	Mauerziegel	Mörtel l	Gel. Kalk l	Sand zum Kalk l	Zement l	Sand zum Zement l	Gips l	Rohr-Stengel	Draht m	einfache Rohrnägel Stück	Bemerkungen
Zu 1 qm flachem böhmischen Kappengewölbe, a. Schwalbenschwanz gewölbt	60	36	15	30	12	36					
Zu 1 qm halbkreisförmigem Kreuzgewölbe, $1/2$ Stein stark, mit $1 1/2$ Stein breiten und 1 Stein hohen Graten . . .	102	54	22	44	17	51					
Zu 1 qm flachem Kreuzgewölbe.	96	36	15	30	12	36					
7. Für Putzarbeiten.											
Zu 1 qm schwachem Wandputz mit Fugenausfüllung . . .		15	6	12	5	15					Zu 1 qm Wandputz in verlängertem Zementmörtel (1:1:4), $1 1/2$ cm stark: 5 l Kalk, 5 l Zement, 20 l Sand; 2 cm stark: 6,3 l Kalk, 6,3 l Zement, 25 l Sand
Zu 1 qm 1,5 cm starkem Wandputz desgleichen		20	8	16	6	18					
Zu 1 qm desgleichen, 2 cm stark, ebenso		25	10	20	8	24					
			Gel. Kalk 1:2		Zement 1:3						
Zu 1 qm äußerem Putz mit schwachen Fugen.		25	11	22	8	24					
Zu 1 qm desgleichen mit tiefen Fugen		32	13	26	10	30					
Zu 1 qm Wandputz auf ausgemauerten Fachwerkswänden ohne Gipszusatz		17	7	14	5	15		8	4	40	
Zu 1 qm Wandputz auf ausgemauerten Fachwerkswänden mit Gipszusatz		15	6		12		2	8	4	40	
			$1:1 1/2$		1:2						
Zu 1 qm Fugung für massive Wände		6	2,5	4	2,5	5					

Gegenstand der Berechnung	Mörtel l	Gel. Kalk 1 : 2 l	Sand zum Kalk l	Zement 1 : 3 l	Sand zum Zement l	Bemerkungen: Gips l	Rohr-Stengel	Draht m	Rohrnägel einfache Stück	Rohrnägel doppelte Stück
Zu 1 qm Fugung für Fachwerkswände	6	2,5	5	2	6					
Zu 1 qm Rapp-Putz	13	5	10	4	12					
Zu 1 qm Putz auf halbkreisförmigen Tonnengewölben durchschnittlich	26	12	24	9	27					
Zu 1 qm Putz auf gedrückten Tonnengewölben, durchschnittlich	23	10	20	8	24					
Zu 1 qm Putz auf Kappengewölben, flachen Kreuzgewölben oder böhmischen Kappen durchschnittlich	20	8	16	6,5	20					
Zu 1 qm einfach gerohrtem Deckenputz ohne Gipszusatz	20	8	16				31	11	85	
Zu 1 qm desgleichen mit Gipszusatz	17	7	14			3	31	11	85	
Zu 1 qm doppelt gerohrtem Deckenputz mit Gipszusatz	30	12,5	25			4	62	22	85	85
100 qm Putz zu schlämmen und zweimal zu weißen		110								
100 qm Putz zu schlämmen		70								
8. Verschiedene Arbeiten.										
1. Zum Einsetzen und Verputzen einer gewöhnlichen Tür oder eines gewöhnlichen Fensters	30					5				
2. Desgl. für eine große Tür und ein großes Fenster	50					8				
3. Zu 1 qm Gesimsputz (der Umfang genau gemessen) an der Außenfront ohne Gipszusatz	45									
4. Zu 1 qm Gesimsputz auf Innenflächen mit Gipszusatz	30					15				

c) Bedarf für Ziegeldächer.

Normalformat für Biberschwänze.

Länge 36,5 cm, Breite 15,5 cm, Stärke 1,20 cm.

	Stückzahl	Mörtel Liter
1000 Stück Dachsteine (Biberschwänze), böhmisch in Kalk zu legen	—	720
1000 „ „ „ nur mit Kalk zu verstreichen	—	480
1000 „ Dachpfannen in Kalkmörtel zu legen	—	1200
1000 „ Hohlziegel (zur Dachdeckung) desgl.	—	720
1000 „ „ mit Kalkmörtel zu verstreichen	—	350
1 m Kalkleisten an Giebeln und Schornsteinen	—	5
1 qm einfaches Dach, 20 cm Lattweite	35	—
1 „ Doppeldach aus Biberschwänzen auf 14 cm weiter Lattung	50	—
1 „ Kronendach aus Biberschwänzen auf 25 cm weiter Lattung	55	—
1 „ Deckung mit kleinen holländischen Pfannen (24 zu 24 cm, 2 cm stark)	20	—
1 „ „ mit großen holländischen Pfannen (39 zu 26 cm, 1,5 cm stark)	14	—
1 „ Falzziegeldach auf 31 cm weiter Lattung	16	—
1 m Deckung der First mit Hohlziegeln (40 cm zu 17 cm, 2 cm stark)	4	—

d) Formular für die Massenberechnung der Erd- und Maurerarbeiten.

Pos.	Raum Nr.	Stückzahl	Gegenstand	Länge m		Breite m		Fläche qm		Höhe m		Inhalt cbm		Abzug	
			Abschnitt I.												
			A. Maurerarbeiten.												
			Kellermauerwerk.												
			Wände 64 cm stark.												
			Vorder- und Hinterfront												
			2 . 13,53 . . . . =	27	06		64	17	32						
			Wände 51 cm stark.												
			Giebelmauerwerk links												
			12,04—(2 . 0,64) . . . . =	10	76										
	7 u. 8		Mittelwand rechts	5	56										
	3 u. 4		Scheidewand rechts	4	44										
				20	76		51	10	59						
			Wände 38 cm stark.												
			Giebelmauer rechts												
			12,04—(2 . 0,64) . . . . =	10	76										
	2 u. 3		2 Scheidewände 2 . 4,44 . . . =	8	88										
	5 u. 7		Scheidewand	5	94										
			Längsscheidewand	12	64										
			Korridorwand	8	46										
				40	68		38	15	45						
								42	26	3	30	142	76		
1		142,76	cbm Kellermauerwerk.												
			Ziegelsteinpflaster.												
	1		. . . .	3	80										
	2		. . . .	2	06										
				5	86	4	10	23	93						
2		23,93	qm flaches Ziegelsteinpflaster.												

Für Bauten der Hochbau-Verwaltung nur verwendbar, wenn die Bausumme den Betrag von 10000 M. nicht übersteigt, sonst ist eine Vorberechnung (vgl. das Anschlagsbeispiel) erforderlich.